もくじ

数研出版版　数学3年

JN099475

1節 多項式の計算

テストに出る！ **教科書の ココが 要点**

📖 さらっとまとめ （赤シートを使って，□に入るものを考えよう。）

1 単項式と多項式の乗法，除法　教 p.16〜p.17

・単項式と多項式の乗法は，|分配法則| を使ってかっこをはずす。

$a(b+c)=$ |$ab+ac$| ，　$(a+b)c=$ |$ac+bc$|

・多項式を単項式でわる除法は，|乗法| になおして計算する。

$(a+b)÷c=(a+b)×\dfrac{1}{c}=$ |$\dfrac{a}{c}+\dfrac{b}{c}$|

2 多項式の乗法　教 p.18〜p.19

・積の形の式のかっこをはずして単項式の和の形に表すことを，|展開| するという。

$(a+b)(c+d)=$ |$ac+ad+bc+bd$|

3 展開の公式　教 p.20〜p.24

$(x+a)(x+b)=$ |$x^2+(a+b)x+ab$|

$(x+a)^2=$ |$x^2+2ax+a^2$| ［和の平方］　　$(x-a)^2=$ |$x^2-2ax+a^2$| ［差の平方］

$(x+a)(x-a)=$ |x^2-a^2| ［和と差の積］

✓ スピード確認 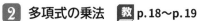 （□に入るものを答えよう。答えは，下にあります。）

1

□ $3a(2a-5b)=3a×2a-3a×5b=$ ①

□ $(8x^2+6xy)÷\dfrac{2}{3}x=(8x^2+6xy)×$ ② $=$ ③

　★除法は乗法になおして計算する。

2

□ $(2x-3)(x+4)=2x^2+$ ④ $x-3x-12=$ ⑤

　★$(a+b)(c+d)=ac+ad+bc+bd$ を使う。

3

□ $(x+7)(x-3)=x^2+\{7+($ ⑥ $)\}x+7×(-3)=$ ⑦

　★$(x+a)(x+b)=x^2+(a+b)x+ab$ を使う。

□ $(x+5)^2=x^2+$ ⑧ $×5×x+5^2=$ ⑨

　★$(x+a)^2=x^2+2ax+a^2$ を使う。

□ $(a-6)^2=a^2-2×6×a+6^2=$ ⑩

　★$(x-a)^2=x^2-2ax+a^2$ を使う。

□ $(y+3)(y-3)=y^2-3^2=$ ⑪

　★$(x+a)(x-a)=x^2-a^2$ を使う。

①＿＿＿＿＿＿

②＿＿＿＿＿＿

③＿＿＿＿＿＿

④＿＿＿＿＿＿

⑤＿＿＿＿＿＿

⑥＿＿＿＿＿＿

⑦＿＿＿＿＿＿

⑧＿＿＿＿＿＿

⑨＿＿＿＿＿＿

⑩＿＿＿＿＿＿

⑪＿＿＿＿＿＿

答　①$6a^2-15ab$　②$\dfrac{3}{2x}$　③$12x+9y$　④$8$　⑤$2x^2+5x-12$　⑥-3　⑦$x^2+4x-21$
　　⑧$2$　⑨$x^2+10x+25$　⑩$a^2-12a+36$　⑪y^2-9

テストに出る！

5分間攻略ブック

数研出版版

数学
3年

重要事項をサクッと確認

よく出る問題の
解き方をおさえる

赤シートを
活用しよう！

テスト前に最後のチェック！
休み時間にも使えるよ♪

「5分間攻略ブック」は取りはずして使用できます。

1章　式の計算

次の言葉を答えよう。

□ (単項式)×(多項式)で，かっこを
はずすのに使う法則。　<u>分配法則</u>

□ (多項式)×(多項式)で，かっこをは
ずして単項式の和の形に表すこと。

<u>展開（する）</u>

公式を確認しよう。～展開の公式～

□ $(a+b)(c+d)=$ <u>$ac+ad+bc+bd$</u>

□ $(x+a)(x+b)=$ <u>$x^2+(a+b)x+ab$</u>

□ $(x+a)^2=$ <u>$x^2+2ax+a^2$</u> ✿(和の平方)

□ $(x-a)^2=$ <u>$x^2-2ax+a^2$</u> ✿(差の平方)

□ $(x+a)(x-a)=$ <u>x^2-a^2</u> ✿(和と差の積)

次の計算をしよう。

□ $3a(4a-2b)$

$=3a\times4a-\boxed{3a}\times2b$

$=\boxed{12a^2-6ab}$

□ $(16x^2+8x)\div(-4x)$

$=-\dfrac{16x^2}{\boxed{4x}}-\dfrac{8x}{4x}=\boxed{-4x-2}$

次の式を展開しよう。

□ $(2a+3)(a-2)$

$=2a^2-4a+3a-6=\boxed{2a^2-a-6}$

□ $(x+4)(x-3)$ ✿ $x^2+(4-3)x+4\times(-3)$

$=\boxed{x^2+x-12}$

□ $(x+3)^2$ ✿ $x^2+2\times3\times x+3^2$

$=\boxed{x^2+6x+9}$

□ $(x-5)^2$ ✿ $x^2-2\times5\times x+5^2$

$=\boxed{x^2-10x+25}$

□ $(x+4)(x-4)$ ✿ x^2-4^2

$=\boxed{x^2-16}$

□ $(a+b+3)(a+b-3)$　$a+b=M$ とおくと

$(M+3)(M-3)=M^2-9$

$=(a+b)^2-9$

$=\boxed{a^2+2ab+b^2-9}$

□ $3(x+4)^2-(x+2)(x-2)$

$=3(x^2+8x+16)-(x^2-2^2)$

$=3x^2+24x+48-x^2+4$

$=\boxed{2x^2+24x+52}$

◎ 攻略のポイント

多項式の計算

乗法⇒分配法則を用いて，各項に単項式をかける。　除法⇒わる数の逆数をかける。

多項式の展開　$(2x+4)(x-3)=2x^2-6x+4x-12=2x^2-2x-12$
同類項をまとめる

1章　式の計算

次の言葉を答えよう。

□ x^2+3x+2 を $(x+1)(x+2)$ と表す

とき，$x+1$ と $x+2$ を x^2+3x+2

の何という？　　　　　　因数

□ 多項式をいくつかの因数の積の形に

表すこと。　　　　　　　因数分解

公式を確認しよう。〜因数分解（展開の公式の逆）〜

□ $x^2+(a+b)x+ab$

$= \underline{(x+a)(x+b)}$

□ $x^2+2ax+a^2= \underline{(x+a)^2}$

□ $x^2-2ax+a^2= \underline{(x-a)^2}$

□ $x^2-a^2= \underline{(x+a)(x-a)}$

次の式を因数分解しよう。

□ $3a^2+2ab$

$=a\times 3a+a\times 2b= \boxed{a(3a+2b)}$

□ $4a^2b^2-6ab^2-8ab$

$=2ab\times 2ab-2ab\times 3b-2ab\times 4$

$= \boxed{2ab(2ab-3b-4)}$

次の式を因数分解しよう。

□ $x^2+9x+20$ ✸$x^2+(4+5)x+4\times 5$
　　　　　　　　　　和が9　積が20

$= \boxed{(x+4)(x+5)}$

□ x^2+6x+9 ✸$x^2+2\times 3\times x+3^2$

$= \boxed{(x+3)^2}$

□ $x^2-8x+16$ ✸$x^2-2\times 4\times x+4^2$

$= \boxed{(x-4)^2}$

□ x^2-25 ✸x^2-5^2

$= \boxed{(x+5)(x-5)}$

□ $ax^2-36a= \boxed{a}\ (x^2-36)$

$= \boxed{a(x+6)(x-6)}$

□ $(a-b)^2-2(a-b)-8$

$a-b=M$ とおくと

$M^2-2M-8=(M+2)(M-4)$

$= \boxed{(a-b+2)(a-b-4)}$

くふうして計算しよう。

□ 35^2-15^2 ✸因数分解の公式を利用

$=(35+15)(35-15)= \boxed{50}\times 20$

$= \boxed{1000}$

◎ 攻略のポイント

因数分解

① 共通な因数でくくる。

② 式の形から，公式を使い分ける。

③ 展開の公式を逆向きにみると，因数分解の公式になる。

例　$x^2-64=\underline{x^2-8^2}=(x+8)(x-8)$

　　　　$\underset{x^2-a^2=(x+a)(x-a)\text{を利用}}{\uparrow}$

2章　平方根

次の言葉を答えよう。

☐ $x^2=a$ であるとき，x を a の何という？

平方根

☐ 記号 $\sqrt{}$ を何という？　　根号

☐ 真の値に近い値。　　近似値

☐ 整数 m と 0 でない整数 n を用いて

分数 $\dfrac{m}{n}$ の形に表される数。　有理数

☐ $\sqrt{50}$ のように，分数の形には表せ

ない数。　　無理数

☐ 小数第何位かで終わる小数。

有限小数

☐ 限りなく続く小数。　　無限小数

☐ 無限小数のうち，ある位以下では同

じ数字の並びがくり返される小数。

循環小数

平方根を答えよう。

☐ 7　　$\pm\sqrt{7}$　　☐ $\dfrac{5}{6}$　　$\pm\sqrt{\dfrac{5}{6}}$

☐ 81　　± 9　　☐ 0.09　　± 0.3

根号を使わずに表そう。

☐ $\sqrt{36}$　　6

☐ $-\sqrt{81}$　　-9

☐ $\sqrt{\dfrac{9}{16}}$　　$\dfrac{3}{4}$

☐ $\sqrt{(-3)^2}$ ✽$\sqrt{(-3)^2}=\sqrt{9}=3$　　3

☐ $(-\sqrt{5})^2$　　5

数の大小を，不等号を使って表そう。

☐ $\sqrt{12}$, $\sqrt{13}$

12 $\boxed{<}$ 13 だから，

$\sqrt{12}$ $\boxed{<}$ $\sqrt{13}$

☐ 6, $\sqrt{35}$

$6=\sqrt{6^2}=\sqrt{36}$ で，

36 $\boxed{>}$ 35 だから，

$\sqrt{36}$ $\boxed{>}$ $\sqrt{35}$

よって，6 $\boxed{>}$ $\sqrt{35}$

☐ $-\sqrt{3}$, $-\sqrt{5}$

$\sqrt{3}$ $\boxed{<}$ $\sqrt{5}$ だから，

$-\sqrt{3}$ $\boxed{>}$ $-\sqrt{5}$

◎ 攻略のポイント

平方根

正の数には平方根が 2 つあって，その 2 つの数は **絶対値が等しく，符号が異なる**。

0 の平方根は 0 だけである。

a，b が正の数のとき，$a<b$ ならば $\sqrt{a}<\sqrt{b}$ である。

教科書 p.53~p.68

2章　平方根

次の言葉を答えよう。

□ 分母に根号がある数の分母と分子に同じ数をかけて，分母に根号をふくまない形に変えること。

分母を有理化（する）

□ 近似値を表す数のうち，信頼できる数字。　有効数字

計算のしかたを確認しよう。($a>0$, $b>0$)

□ $\sqrt{a}\times\sqrt{b}=\sqrt{\boxed{ab}}$

□ $\dfrac{\sqrt{a}}{\sqrt{b}}=\sqrt{\boxed{\dfrac{a}{b}}}$

□ $a\sqrt{b}=\sqrt{\boxed{a^2b}}$

□ $\sqrt{a^2b}=\boxed{a}\sqrt{b}$

□ $\dfrac{a}{\sqrt{b}}=\dfrac{a\times\boxed{\sqrt{b}}}{\sqrt{b}\times\boxed{\sqrt{b}}}=\dfrac{a\sqrt{b}}{b}$

次の数を $a\sqrt{b}$ の形に表そう。

□ $\sqrt{32}$　✿ $\sqrt{16\times2}=4\sqrt{2}$　$4\sqrt{2}$

□ $\sqrt{63}$　✿ $\sqrt{9\times7}=3\sqrt{7}$　$3\sqrt{7}$

□ $\sqrt{150}$　✿ $\sqrt{25\times6}=5\sqrt{6}$　$5\sqrt{6}$

次の数の分母を有理化しよう。

□ $\dfrac{4}{\sqrt{3}}=\dfrac{4\times\boxed{\sqrt{3}}}{\sqrt{3}\times\boxed{\sqrt{3}}}=\dfrac{4\sqrt{3}}{\boxed{3}}$

□ $\dfrac{6}{\sqrt{5}}=\dfrac{6\times\boxed{\sqrt{5}}}{\sqrt{5}\times\boxed{\sqrt{5}}}=\dfrac{\boxed{6\sqrt{5}}}{5}$

□ $\dfrac{8}{3\sqrt{2}}=\dfrac{8\times\sqrt{2}}{3\sqrt{2}\times\boxed{\sqrt{2}}}$

$=\dfrac{8\times\sqrt{2}}{3\times2}=\dfrac{\boxed{4\sqrt{2}}}{3}$

次の計算をしよう。

□ $\sqrt{3}\times\sqrt{6}=\sqrt{18}=\boxed{3\sqrt{2}}$

□ $\sqrt{24}\div\sqrt{3}=\sqrt{8}=\boxed{2\sqrt{2}}$

□ $6\sqrt{2}+3\sqrt{2}=\boxed{(6+3)\sqrt{2}}$

$=\boxed{9\sqrt{2}}$

□ $5\sqrt{3}-\sqrt{12}=5\sqrt{3}-\boxed{2\sqrt{3}}$

$=\boxed{3\sqrt{3}}$

□ $(\sqrt{7}+\sqrt{3})^2=(\sqrt{7})^2+2\times\sqrt{3}\times\sqrt{7}+(\boxed{\sqrt{3}})^2$

$=7+2\sqrt{21}+3=\boxed{10+2\sqrt{21}}$

□ $(\sqrt{10}+3)(\sqrt{10}-3)=(\sqrt{10})^2-\boxed{3}^2$

$=10-9=\boxed{1}$

◎ 攻略のポイント

根号をふくむ式の計算

根号をふくむ式の加減は，文字式の同類項の計算と同じように行う。
分母に$\sqrt{}$がある項は，まず分母を**有理化**してから計算する。
根号をふくむ式でも，分配法則や展開の公式が使える。

3章　2次方程式

次の言葉を答えよう。

□ 移項して整理することによって

(2次式)＝0 の形に変形できる方程式

を何という？　　　　2次方程式

□ 2次方程式を成り立たせる文字の値

を，その2次方程式の何という？

解

□ 2次方程式の解をすべて求めること

を何という？　　　　解く

因数分解を利用した解き方は？

□ $AB=0$ ならば $A=0$ または $\underline{B=0}$

□ $(x+a)(x+b)=0 \Rightarrow x=-a,\ \underline{x=-b}$

□ $x(x+a)=0 \Rightarrow x=0,\ \underline{x=-a}$

□ $(x+a)^2=0 \Rightarrow \underline{x=-a}$

次の方程式を解こう。

□ $(x-3)(x+5)=0$

$x-3=0$ または $x+5=0$

$x=\boxed{3},\ -5$

次の方程式を解こう。

□ $(x+2)(x-6)=0$

$x+2=0$ または $x-6=0$

$x=\boxed{-2},\ 6$

□ $x(x-4)=0$

$x=0,\ \boxed{4}$

□ $(x+3)(2x-1)=0$

$x+3=0$ または $2x-1=0$

$x=-3,\ \boxed{\dfrac{1}{2}}$

□ $x^2+7x=0$

$x(x+7)=0$　$x=\boxed{0},\ -7$

□ $x^2-8x+16=0$

$(x-\boxed{4})^2=0$　$x-4=0$　$x=\boxed{4}$

□ $3x^2-6x+3=0$

$x^2-\boxed{2x}+1=0$　❀両辺を3でわる。

$(x-\boxed{1})^2=0$　$x=\boxed{1}$

□ $x^2=9x$

$x^2-9x=\boxed{0}$　$x(x-9)=0$

$x=0,\ \boxed{9}$

◎ 攻略のポイント

2次方程式の解き方(1)

因数分解による解き方

(2次式)＝0 の左辺が因数分解できるときは，

$AB=0$ ならば $A=0$ または $B=0$ の性質を使って解く。

2次方程式はふつう解を2つもつが，1つしかもたないものもある。

3章　2次方程式

平方根の考えを利用した解き方は？

□　$x^2 = k \Rightarrow x = \underline{\pm\sqrt{k}}$

□　$a x^2 = k \Rightarrow x = \underline{\pm\sqrt{\dfrac{k}{a}}}$

□　2次方程式が $(x+m)^2 = k \ (k \geqq 0)$ の形に変形できるとき，

　　$x+m = \pm\sqrt{k} \quad x = \underline{-m \pm \sqrt{k}}$

2次方程式 $a x^2 + b x + c = 0$ の解の公式は？

□　$x = \underline{\dfrac{-b \pm \sqrt{b^2 - 4ac}}{2a}}$

　　❀必ず覚えよう。

次の方程式を解こう。

□　$x^2 - 12 = 0$

　　$x^2 = 12 \quad x = \pm\sqrt{12} \quad x = \pm\boxed{2\sqrt{3}}$

□　$6x^2 - 18 = 0$

　　$6x^2 = 18 \quad x^2 = \boxed{3} \quad x = \pm\boxed{\sqrt{3}}$

□　$(x-3)^2 = 7$

　　$x - 3 = \boxed{\pm\sqrt{7}} \quad x = \boxed{3 \pm \sqrt{7}}$

□　$(x+4)^2 = 5$

　　$x + 4 = \boxed{\pm\sqrt{5}} \quad x = \boxed{-4 \pm \sqrt{5}}$

次の方程式を解こう。

□　$x^2 + 4x - 3 = 0$

　　$x^2 + 4x + 4 = 3 + 4$

　　$(x+2)^2 = 7$

　　$x + 2 = \boxed{\pm\sqrt{7}} \quad x = \boxed{-2 \pm \sqrt{7}}$

□　$2x^2 - 3x - 1 = 0$

　　$x = \dfrac{-(-3) \pm \sqrt{(-3)^2 - 4 \times \boxed{2} \times (-1)}}{2 \times \boxed{2}}$

　　$= \dfrac{3 \pm \sqrt{9 + \boxed{8}}}{4}$

　　❀解の公式に
　　$a = 2, \ b = -3,$
　　$c = -1$ を代入する。

　　$= \dfrac{3 \pm \sqrt{\boxed{17}}}{4}$

□　ある正の数と，その数より4大きい数との積は45になる。このとき，ある正の数を x として，2次方程式をつくると，$\boxed{x(x+4)} = 45$

　　$x^2 + 4x - 45 = 0$

　　$(x+9)(x - \boxed{5}) = 0$

　　❀解が適しているかを確かめる。

　　$x = -9, \ 5$

　　$x > 0$ だから，$x = \boxed{5}$

◎ 攻略のポイント

2次方程式の解き方(2)

平方根の考えを使って解く。

　　$x^2 = k \Rightarrow x = \pm\sqrt{k}$

　　$(x+m)^2 = k \Rightarrow x = -m \pm \sqrt{k}$

2次方程式 $a x^2 + b x + c = 0$ の解の公式は

　　$x = \dfrac{-b \pm \sqrt{\boxed{b^2 - 4ac}}}{2a}$　$b^2 - 4ac$ が0のときは，2次方程式の解は1つになる。

4章　関数 $y = ax^2$

次の問いに答えよう。

□ y が x の関数で，$y = ax^2$ と表されるとき，y は x の何に比例する？

　　　　　　　　　　　　　2乗

□ 関数 $y = ax^2$ では，x の値が2倍，3倍，…になると，y の値はどうなる？　　　4倍，9倍，…になる

y が x の2乗に比例するといえるか答えよう。

□ 底面が1辺 $x$cm の正方形で，高さが6cm の正四角柱の体積を $y$cm^3 とする。❀$y = 6x^2$　　いえる

□ 直径が $x$cm の円の周の長さを $y$cm とする。

　❀$y = \pi x$　　　　　　　　いえない

□ 直径が $x$cm の円の面積を $y$cm^2 とする。

　❀$y = \dfrac{1}{4}\pi x^2$　　　　　　いえる

□ 周の長さが $x$cm の正方形の面積を $y$cm^2 とする。

　❀$y = \dfrac{1}{16}x^2$　　　　　　いえる

y を x の式で表そう。

□ y は x の2乗に比例し，$x = 3$ のとき $y = 18$

　❀$y = ax^2$ に $x = 3$, $y = 18$ を代入。
　　$18 = a \times 3^2$　$a = 2$　　　$y = 2x^2$

□ y は x の2乗に比例し，$x = -1$ のとき $y = 4$

　❀$4 = a \times (-1)^2$　$a = 4$

　　　　　　　　　　　　　$y = 4x^2$

□ y は x の2乗に比例し，$x = 5$ のとき $y = -10$

　❀$-10 = a \times 5^2$　$a = -\dfrac{2}{5}$

　　　　　　　　　$y = -\dfrac{2}{5}x^2$

次の問いに答えよう。

□ 1辺が $x$cm の正方形の面積を $y$cm^2 とするとき，y を x の式で表しなさい。　　　　　　　$y = x^2$

□ 正方形で，1辺の長さが2倍になると，面積は何倍になりますか。

　❀$2^2 = 4$(倍)　　　　　　4倍

◎ **攻略のポイント**

関数 $y = ax^2$ の式

y が x の2乗に比例 ⇒ $y = ax^2$（a は 0 でない定数）

関数 $y = ax^2$ では，x の値が2倍，3倍，…になると，y の値は 2^2 倍，3^2 倍，…になる。

4章　関数 $y = ax^2$

次の問いに答えよう。

□ $y = ax^2$ のグラフが必ず通る点は？

原点

□ $y = ax^2$ のグラフは何について対称？

y 軸

□ $y = ax^2$ のグラフは，$a > 0$ のときは上，下どちらに開いている？

❀$a > 0$…上　$a < 0$…下　　上

□ $y = ax^2$ のグラフで，a の絶対値が大きいほど，グラフの開きぐあいは？

小さくなる

□ $y = ax^2$ のグラフのような曲線を何という？

放物線

次の関数のグラフをかこう。

□ $y = \dfrac{1}{3}x^2$　　□ $y = -x^2$

❀なめらかな曲線で結ぶ。

次の問いに答えよう。

□ 関数 $y = 3x^2$ について，x の変域が $-2 \leqq x \leqq 3$ のときの y の変域は？

❀$x = 0$ のとき最小値 0
　$x = 3$ のとき最大値 27

$0 \leqq y \leqq 27$

□ 関数 $y = -2x^2$ について，x の変域が $-3 \leqq x \leqq 2$ のときの y の変域は？

❀$x = 0$ のとき最大値 0
　$x = -3$ のとき最小値 -18

$-18 \leqq y \leqq 0$

□ 関数 $y = x^2$ について，x の値が 1 から 3 まで増加するときの変化の割合は？

❀$\dfrac{(y \text{の増加量})}{(x \text{の増加量})} = \dfrac{9 - 1}{3 - 1} = 4$　　4

□ 高い所から物を落とすとき，落としてから x 秒間に落ちる距離を y m とすると，$y = 5x^2$ の関係が成り立つとする。このとき，落としてから 4 秒間に落ちる距離は？

❀$y = 5x^2$ に $x = 4$ を代入。　80 m

◎ 攻略のポイント

関数 $y = ax^2$ のグラフ

y 軸について対称な放物線で，頂点は原点。
$a > 0$ のとき，グラフは上に開いた形。
$a < 0$ のとき，グラフは下に開いた形。

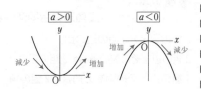

5章　相似

次の問いに答えよう。

□ 2つの図形の一方を拡大または縮小した図形が，他方と合同になるとき，この2つの図形は何であるという？

相似

□ △ABCと△DEFが相似であることを記号を使って表すと？

$\triangle ABC \backsim \triangle DEF$

□ 相似な図形で，対応する線分の長さの比を何という？　**相似比**

三角形の相似条件を確認しよう。

□ <u>3組の辺</u>の比がすべて等しい。

□ 2組の辺の比と<u>その間の角</u>がそれぞれ等しい。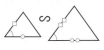

□ <u>2組の角</u>がそれぞれ等しい。

下の図で，△ABC∽△DEF です。

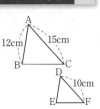

□ △ABC と △DEF の相似比は？

❀ 15 : 10＝3 : 2

3 : 2

□ 辺 DE の長さは？

❀ 12 : DE＝3 : 2　DE＝8

8cm

次の図で，相似な三角形を記号∽で表そう。

□ ❀2組の辺の比とその間の角がそれぞれ等しい。

$\triangle ABC \backsim \triangle AED$

□ ❀3組の辺の比がすべて等しい。

$\triangle ABC \backsim \triangle DAC$

□ ❀2組の角がそれぞれ等しい。

$\triangle ABC \backsim \triangle ACD$

◎攻略のポイント

三角形の合同条件と相似条件の比較

3組の辺 ⇔ 3組の辺の比

2組の辺とその間の角 ⇔ 2組の辺の比とその間の角

1組の辺とその両端の角 ⇔ 2組の角

相似の証明問題では，2組の角に目をつけるのがポイント。はじめにチェックしよう！

5章　相似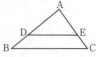

定理を確認しよう。

□ △ABC の辺 AB,

　AC 上の点を D,

　E とするとき,

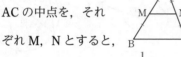

　①DE∥BC⇔AD：AB＝AE：| AC |

　　DE∥BC⇒AD：AB＝DE：| BC |

　②DE∥BC⇔AD：DB＝AE：| EC |

□ △ABC の 2 辺 AB,

　AC の中点を，それ

　ぞれ M，N とすると，

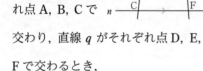

　MN∥ BC ，MN＝$\frac{1}{2}$BC

　❉中点連結定理

□ 平行な 3 つの

　直線 ℓ，m，n に

　直線 p がそれぞ

　れ点 A, B, C で

　交わり，直線 q がそれぞれ点 D, E,

　F で交わるとき，

　AB：BC＝DE： EF

相似な図形の面積と体積

□ 相似比が m：n のとき,

　周の長さの比 ⇒ m：n

　面積の比・表面積の比 ⇒ $m^2：n^2$

　体積の比 ⇒ $m^3：n^3$

次の図で x の値を求めよう。

□ DE∥BC

　❉6：9＝x：12

　　x＝8

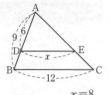

x＝8

□ ℓ∥m∥n

　❉8：x＝6：3

　　x＝4

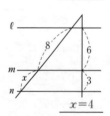

x＝4

□ AD∥BC,

　AE＝BE,

　DF＝CF

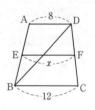

　❉EF＝$\frac{1}{2}$AD＋$\frac{1}{2}$BC

　　＝$\frac{1}{2}$×8＋$\frac{1}{2}$×12＝10

x＝10

◎ 攻略のポイント

面積の比と体積の比

図形の相似比が m：n のとき，

周の長さの比は m：n

面積の比は　　$m^2：n^2$

立体の相似比が m：n のとき，

表面積の比は $m^2：n^2$

体積の比は　$m^3：n^3$

6章　円

円 O について答えよう。

□ ∠AOB を $\overset{\frown}{AB}$ に対

する何という？

<u>中心角</u>

□ ∠APB を $\overset{\frown}{AB}$ に対

する何という？

<u>円周角</u>

定理を確認しよう。

□ 円周角の定理

　① 1つの弧に対する円周角の大きさ

　　は，その弧に対する中心角の大

　　きさの <u>半分</u> である。

　② 同じ弧に対する円周角の大きさは

　　<u>等しい</u> 。

□ 半円の弧に対する円

　周角は <u>90°</u> である。

□ 円周角と弧（定理）　1つの円において，

　① 等しい円周角に対する <u>弧の長さ</u>

　　は等しい。

　② 長さの等しい弧に対する <u>円周角</u> は等しい。

∠x の大きさを求めよう。

□
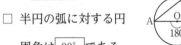

✳ $\angle x = \dfrac{1}{2} \times 60°$
　　$= 30°$

<u>　　30°　　</u>

□

✳ $\angle x = 2 \times 40°$
　　$= 80°$

<u>　　80°　　</u>

□

✳ $\angle x = 2 \times 100°$
　　$= 200°$

<u>　　200°　　</u>

□

✳ $\angle x = 80° - 35°$
　　$= 45°$

<u>　　45°　　</u>

□

✳ $\angle x = 90° - 58°$
　　$= 32°$

<u>　　32°　　</u>

□

✳ $\angle x = 90° - 30°$
　　$= 60°$

<u>　　60°　　</u>

◎ 攻略のポイント

円周角の大きさ

円周角 $= \dfrac{1}{2} \times$ 中心角

同じ弧に対する円周角の大きさは等しい。

弧の長さが等しい。

$\Updownarrow$

円周角が等しい。

6章　円

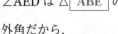

点Pは円Oのどこにあるか答えよう。

- □ ∠APB＝75°のとき
  - ✴ ∠APB＞∠ACB
  - 円の内部

- □ ∠APB＝45°のとき
  - ✴ ∠APB＜∠ACB
  - 円の外部

- □ ∠APB＝60°のとき
  - ✴ ∠APB＝∠ACB
  - 円の周上

定理を確認しよう。

- □ 円周角の定理の逆（定理）

  2点C, Pが直線ABについて同じ側にあるとき,

  ∠APB＝∠ACBならば, 4点A,

  B, C, Pは 1つの円周上 にある。

- □ 円の接線の長さ（定理）

  円の外部の点からその円にひいた2つの

  接線の長さ　✴PA＝PB

  は等しい。

4点A, B, C, Dが1つの円周上にあることを証明しよう。

- □ ∠AED は △ ABE の

  外角だから,

  ∠ABE＋65°＝100°

  ∠ABE＝ 35 °。

  よって,

  ∠ABE＝∠ ACD

  したがって,

  円周角の定理の逆 により,

  4点A, B, C, Dは

  1つの円周上にある。

x の値を求めよう。

- □ ✴△ABP∽△DCP
  - AP : DP＝BP : CP
  - 6 : x＝8 : 12
  - x＝9

x＝9

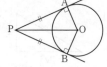

◎ 攻略のポイント

円と相似

円周角の定理を使って, 相似の証明をする。
円と交わる直線には, 次の性質がある。

PA : PD＝PC : PB

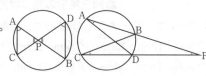

7章　三平方の定理

教科書 p.192~p.203

定理を確認しよう。

□ 直角三角形の直角をはさむ2辺の長さを a，b，斜辺の長さを c とすると，

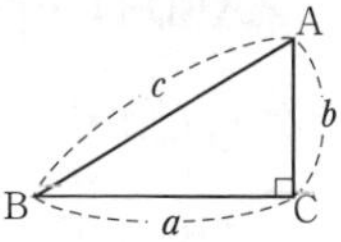

$a^2+b^2=c^2$　✽三平方の定理

□ 3辺の長さが a，b，c である三角形において，$a^2+b^2=c^2$ が成り立つならば，その三角形は，長さ c の辺を 斜辺 とする 直角三角形 である。

特別な直角三角形の辺の比を確認しよう。

□

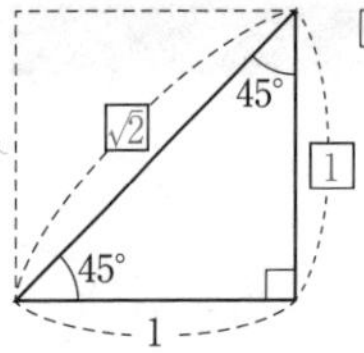

□

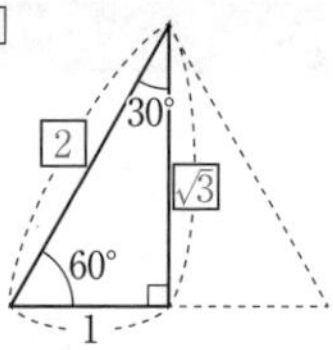

✽直角二等辺三角形
$1:1:\sqrt{2}$
└斜辺

✽60° の角をもつ直角三角形
$1:2:\sqrt{3}$
└斜辺

次の直角三角形で，x の値を求めよう。

□

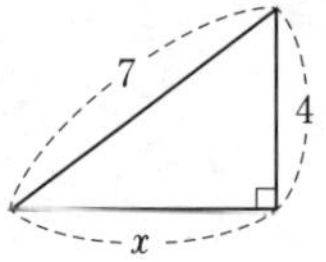

✽斜辺は7だから，
$x^2+4^2=7^2$
$x^2=33$　$x>0$ より
$x=\sqrt{33}$

$x=\sqrt{33}$

□

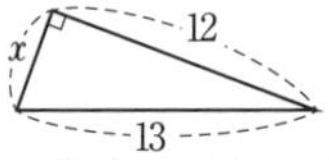

✽斜辺は13だから，
$x^2+12^2=13^2$
$x^2=25$　$x>0$ より
$x=5$

$x=5$

□

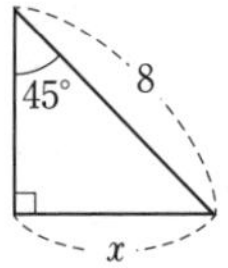

✽$x:8=1:\sqrt{2}$
$\sqrt{2}x=8$
$x=\dfrac{8}{\sqrt{2}}=4\sqrt{2}$

$x=4\sqrt{2}$

□

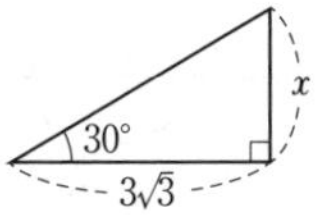

✽$x:3\sqrt{3}=1:\sqrt{3}$
$\sqrt{3}x=3\sqrt{3}$
$x=3$

$x=3$

◎ 攻略のポイント

直角三角形の見つけ方

次の長さを3辺とする三角形のうち，直角三角形は？

㋐ 9cm，12cm，15cm　㋑ 8cm，12cm，16cm

㋒ 5cm，12cm，13cm　㋓ 8cm，15cm，17cm

（答え ㋐，㋒，㋓）

もっとも長い辺を c とし，残りの2辺を a，b として，$a^2+b^2=c^2$ が成り立つかどうかを調べるよ。

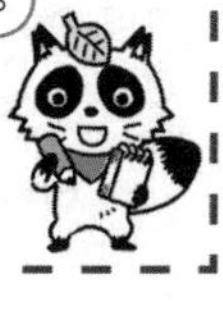

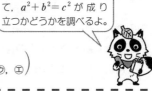

7章　三平方の定理

教科書 p.204〜p.211

平面図形や空間図形の利用をおさえよう。

□ 弦の長さ

右の図の円 O で，

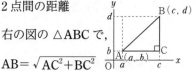

$AB = 2AH$

$= 2\sqrt{\boxed{r^2 - a^2}}$

□ 2点間の距離

右の図の △ABC で，

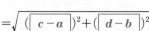

$AB = \sqrt{AC^2 + BC^2}$

$= \sqrt{(\boxed{c-a})^2 + (\boxed{d-b})^2}$

□ 直方体の対角線の長さ

$BH = \sqrt{FH^2 + FB^2}$

$\underbrace{\quad}_{FG^2 + GH^2}$

$= \sqrt{FG^2 + GH^2 + FB^2}$

$= \sqrt{\boxed{a^2 + b^2 + c^2}}$

□ 円錐の高さ

$h = \sqrt{\boxed{\ell^2 - r^2}}$

✳高さは底面に垂直だから，
高さを辺とする直角三角形
に注目して三平方の定理を
使う。

2点 A，B 間の距離を求めよう。

□ 右の図の 2点 A，B

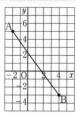

✳A$(-2, 5)$，B$(4, -3)$
$AB = \sqrt{\{4-(-2)\}^2 + \{5-(-3)\}^2}$
$= \sqrt{6^2 + 8^2} = \sqrt{100} = 10$

$\underline{\qquad 10}$

□ A$(3, 2)$，B$(1, 1)$

✳$AB = \sqrt{(3-1)^2 + (2-1)^2}$
$= \sqrt{2^2 + 1^2} = \sqrt{5}$

$\underline{\qquad \sqrt{5}}$

次の直方体・立方体の対角線の長さを求めよう。

□ 縦3cm，横5cm，高さ4cm の直方
体の対角線の長さ

✳$\sqrt{3^2 + 5^2 + 4^2}$
$= \sqrt{50} = 5\sqrt{2}$

$\underline{\qquad 5\sqrt{2} \text{ cm}}$

□ 1辺5cm の立方体の対角線の長さ

✳$\sqrt{5^2 + 5^2 + 5^2}$　✳1辺が a の立方体の
$= \sqrt{75} = 5\sqrt{3}$　　対角線の長さは，
$\sqrt{a^2 + a^2 + a^2} = \sqrt{3}\,a$

$\underline{\qquad 5\sqrt{3} \text{ cm}}$

◎ **攻略のポイント**

立体の表面上での2点を結ぶ線

右の直方体に，点 A から辺 BC を通って
点 G まで糸をかけるとき，もっとも短い
長さになる線は，展開図では線分 AG になる。

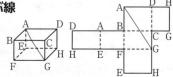

次の言葉を答えよう。

□ 対象とする集団にふくまれるすべて
のものについて行う調査。

全数調査

□ 対象とする集団の一部を調べ，その
結果から集団の状況を推定する調査。

標本調査

□ 標本調査において，調査対象全体。

母集団

□ 調査のために母集団から取り出され
たものの集まり。　　　標本

□ 標本調査を行うとき，かたよりなく
標本を抽出すること。

無作為に抽出（する）

□ 缶詰の中身の品質検査で行われる調
査は？

標本調査

□ 中学校で行う生徒の健康調査は？

全数調査

次の調査は，全数調査，標本調査のどちら？

□ 電池の寿命の検査

標本調査

□ テレビ番組の視聴率調査

標本調査

□ 学校で行う数学の試験

全数調査

□ 海水浴場の水質調査

標本調査

次の問いに答えよう。

□ 箱の中に当たりくじとはずれくじが
合わせて 150 本入っています。これ
をよくかき混ぜて 10 本取り出した
ところ，当たりくじが 4 本ありまし
た。この箱の中に入っている当たり
くじの割合は，およそ $\dfrac{4}{10} = \boxed{\dfrac{2}{5}}$
したがって，箱の中の当たりくじの
総数は，およそ

$$150 \times \dfrac{2}{5} = \boxed{60} \text{（本）}$$

◎ 攻略のポイント

標本調査

集団の一部を調査して，全体を推定する調査を**標本調査**，集団全体について調査する
ことを**全数調査**という。標本は母集団から**無作為**に抽出する。
標本にふくまれる割合から，母集団全体にふくまれる数量を推定する。

基礎力UP テスト対策問題

1 単項式と多項式の乗法，除法　次の計算をしなさい。

(1) $2a(4a+3b)$

(2) $2x(x-1)-3x(4-x)$

(3) $(6x^2-9x)\div 3x$

(4) $(-20x^3+4xy)\div\left(-\dfrac{4}{5}x\right)$

2 多項式の乗法　次の式を展開しなさい。

(1) $(a-1)(b+2)$

(2) $(x-5)(x-3)$

(3) $(x+2)(2x-3)$

(4) $(3a+7)(a-6)$

(5) $(a+4)(a-3b+2)$

(6) $(x+2y-3)(x-2)$

3 展開の公式　次の計算をしなさい。

(1) $(x+5)(x+2)$

(2) $(x+4)(x-6)$

(3) $(x+6)^2$

(4) $(a-4)^2$

(5) $(7+x)(7-x)$

(6) $(2x-3)(2x+5)$

(7) $(a+b-6)(a+b+2)$

(8) $2(x-3)^2-(x+4)(x-5)$

1 (4)のような除法は乗法になおして計算する。

ミス注意！

(4) $\div\left(-\dfrac{4}{5}x\right)$ を $\times\left(-\dfrac{5x}{4}\right)$ にしないこと。

2 (1) まず，a に b と 2 をかけ，次に，-1 に b と 2 をかける。

$(a-1)(b+2)$
$=ab+2a-b-2$

(5) $(a+4)(a-3b+2)$
$=a(a-3b+2)$
　$+4(a-3b+2)$

3 (1)(2) $(x+a)(x+b)$
$=x^2+(a+b)x+ab$
の公式を使う。

(5) $(x+a)(x-a)$
$=x^2-a^2$
の公式を使う。

(6) $2x=M$ とおく。

(7) $a+b=M$ とおく。

(8) まず，$2(x-3)^2$ と $(x+4)(x-5)$ を別々に展開してから，同類項をまとめる。

テストに出る！
予想問題

1章 式の計算
1節 多項式の計算

⏱20分

/16問中

1 単項式と多項式の乗法，除法　次の計算をしなさい。

(1) $(5x-2y)\times(-4x)$

(2) $(3x^2y+9xy)\div\dfrac{3}{4}x$

(3) $2x(3x+4)+3x(x-2)$

(4) $3a(a-4)-4a(3-2a)$

2 多項式の乗法　次の式を展開しなさい。

(1) $(a+2)(b-6)$

(2) $(a-3b+2)(2a-b)$

3 よく出る　展開の公式　次の式を展開しなさい。

(1) $(x+3)(x+5)$

(2) $(x-8)(x+4)$

(3) $(x-8)^2$

(4) $\left(x+\dfrac{1}{5}\right)\left(x-\dfrac{1}{5}\right)$

(5) $(3x-2)(3x+4)$

(6) $(2x-5y)^2$

4 おきかえによる式の展開　次の式を展開しなさい。

(1) $(a-b-1)^2$

(2) $(x-y-4)(x-y-5)$

5 いろいろな計算　次の計算をしなさい。

(1) $(2x-3y)(2x+3y)-4(x-y)^2$

(2) $(3x-y)^2-4x(x+2y)$

成績UPナビ

3 それぞれ展開の公式にあてはめて計算する。
4 共通する部分を1つの文字におきかえて考える。

2節 因数分解　3節 式の計算の利用

テストに出る！ **教科書の ココ が 要点**

📕 さらっとまとめ （赤シートを使って，□に入るものを考えよう。）

1 因数分解 教 p.26〜p.27

・1つの式が単項式や多項式の積の形に表されるとき，積をつくっている各式を，もとの式の 因数 という。

・多項式をいくつかの因数の積の形に表すことを，もとの式を 因数分解 するという。

$Mx+My=$ $M(x+y)$ ［M は共通な因数］

2 因数分解の公式 教 p.28〜p.33

$x^2+(a+b)x+ab=$ $(x+a)(x+b)$

$x^2+2ax+a^2=$ $(x+a)^2$ 　　$x^2-2ax+a^2=$ $(x-a)^2$

$x^2-a^2=$ $(x+a)(x-a)$

3 式の計算の利用 教 p.34〜p.37

・数の計算で，式の展開や因数分解の公式を利用すると，計算がらくになる場合がある。

例 $15^2-5^2=(15+5)(15-5)=20×10=200$

・式の計算を利用して，数や図形の性質を証明することができる。

☑ スピード確認 （□に入るものを答えよう。答えは，下にあります。）

次の式を因数分解しなさい。

1
□ $3x^2-xy=x×3x-x×y=$ ①

★共通な因数をくくり出す。

□ $6ax-9ay=3a×2x-3a×3y=$ ②

次の式を因数分解しなさい。

2
□ $x^2-x-12=x^2+\{3+(-4)\}x+3×(-4)=$ ③

□ $a^2+6a+9=a^2+2×3×a+3^2=$ ④

□ $x^2-10x+25=x^2-2×5×x+5^2=$ ⑤

□ $a^2-16=a^2-4^2=$ ⑥

くふうして，次の計算をしなさい。

3
□ $65^2-25^2=(65+25)(65-$ ⑦ $)=90×40=$ ⑧

□ $102^2=($ ⑨ $+2)^2=100^2+2×2×100+2^2=$ ⑩

① _____

② _____

③ _____

④ _____

⑤ _____

⑥ _____

⑦ _____

⑧ _____

⑨ _____

⑩ _____

答 ①$x(3x-y)$ ②$3a(2x-3y)$ ③$(x+3)(x-4)$ ④$(a+3)^2$ ⑤$(x-5)^2$
⑥$(a+4)(a-4)$ ⑦25 ⑧3600 ⑨100 ⑩10404

基礎力UP テスト対策問題

1 因数分解　次の式を因数分解しなさい。

(1)　x^2-4xy

(2)　$4ab-6ac$

1 (2)　$4ab-6ac=$ $2a\times2b-2a\times3c$ より，共通な因数 $2a$ をくくり出す。

2 因数分解の公式　次の式を因数分解しなさい。

(1)　x^2-5x+4

(2)　a^2-2a-8

(3)　$x^2-14x+49$

(4)　x^2-64

2 (1)　x^2-5x+4 $=x^2+\{(-1)+(-4)\}x$ $\qquad+(-1)\times(-4)$ として因数分解する。

3 いろいろな式の因数分解　次の式を因数分解しなさい。

(1)　$2x^2-2x-24$

(2)　$9x^2-y^2$

3 (1)　まず，共通な因数 2 をくくり出してから，かっこの中を因数分解する。 $2x^2-2x-24$ $=2(x^2-x-12)$
4 同じ式は，1 つの文字におきかえて考える。

4 おきかえによる因数分解　次の式を因数分解しなさい。

(1)　$(a+b)^2-(a+b)$

(2)　$(x+7)^2-10(x+7)+25$

5 計算のくふう　くふうして，次の計算をしなさい。

(1)　58^2-42^2

(2)　99^2

5 式の展開や因数分解の公式を使って，らくに計算できる方法がないかを考える。

6 式の計算の利用　右の図のように，縦 x m，横 y m の長方形の土地のまわりに，幅 z m の道があります。この道の面積を S m²，道の中央を通る線の長さを ℓ m とするとき，$S=z\ell$ となります。このことを証明しなさい。

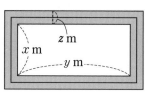

6 S, ℓ を x, y, z を使った式で表す。

テストに出る！

予想問題

1章 式の計算
2節 因数分解　3節 式の計算の利用

⏱ 20分

/15問中

1 共通因数　次の式を因数分解しなさい。

(1)　$3ab+6bc$

(2)　$ax-2ay+4az$

2 🔍よく出る　因数分解の公式　次の式を因数分解しなさい。

(1)　$x^2-9x+18$

(2)　a^2+2a-8

(3)　$a^2-12a+36$

(4)　$y^2-\dfrac{1}{25}$

3 いろいろな式の因数分解　次の式を因数分解しなさい。

(1)　$3x^2+12x-36$

(2)　$4a^2+12a+9$

(3)　$(x-y)^2+3(x-y)-18$

(4)　$(3x+4)^2-(2x-5)^2$

4 計算のくふう　くふうして，次の計算をしなさい。

(1)　105×95

(2)　198^2

5 式の値　次の式の値を求めなさい。

(1)　$x=-\dfrac{1}{2}$，$y=5$ のとき，$(x+y)^2-x^2-y^2$ の値

(2)　$a=1.2$ のとき，$(a-3)^2-a(a+4)$ の値

6 式の計算の利用　連続する2つの整数について，その大きい方の2乗から小さい方の2乗をひいたときの差は，はじめの2つの数の和に等しくなります。このことを証明しなさい。

成績UPナビ
　5 式を簡単にしてから数を代入する。
　6 連続する2つの整数は，小さい方をnとすると，n，$n+1$と表される。

1章 式の計算

⏱ 30分

/100点

1 次の計算をしなさい。　　　　　　　　　　　　　　　　　　　　5点×2〔10点〕

(1)　$9x(x-3)-x(7x+2)$

(2)　$(4a^2b-8ab^2-6ab)\div\dfrac{2}{3}ab$

2 次の式を展開しなさい。　　　　　　　　　　　　　　　　　　　5点×6〔30点〕

(1)　$(x-4)(y-7)$

(2)　$(x+3)(x-8)$

(3)　$(x+7)^2$

(4)　$\left(y-\dfrac{2}{3}\right)\left(y+\dfrac{2}{3}\right)$

(5)　$(4x-3)(4x+5)$

(6)　$(x+y+6)(x+y-6)$

3 次の計算をしなさい。　　　　　　　　　　　　　　　　　　　　5点×2〔10点〕

(1)　$(2x+1)^2-3(x-2)$

(2)　$(5a+3)(5a-3)+(a-3)^2$

4 次の式の値を求めなさい。　　　　　　　　　　　　　　　　　　5点×2〔10点〕

(1)　$x=-2$，$y=3$ のとき，$(12x^2+8xy)\div4x$ の値

(2)　$a=\dfrac{2}{5}$ のとき，$(a-5)^2-a^2$ の値

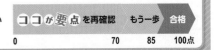
5 次の式を因数分解しなさい。 5点×6〔30点〕

(1) $9x^2-6y$

(2) $8x-20+x^2$

(3) $4x^2-20xy+25y^2$

(4) $12x^2-27y^2$

(5) $(a-b)^2+5(a-b)$

(6) $(x-2)(x+3)+x-9$

6 右の図のように，直径を共有する1つの円と2つの半円を組み合
わせた図形があります。色のついた部分の面積を $S\ \mathrm{cm}^2$ とすると
き，$S=\pi a(a+b)$ となります。このことを証明しなさい。〔10点〕

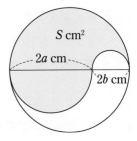

1	(1)	(2)	
2	(1)	(2)	(3)
	(4)	(5)	(6)
3	(1)	(2)	
4	(1)	(2)	
5	(1)	(2)	(3)
	(4)	(5)	(6)
6			

2章 平方根

1節 平方根

テストに出る！ 教科書の **ココ**が**要点**

さらっとまとめ（赤シートを使って，□に入るものを考えよう。）

1 平方根 教 p.42〜p.47

・2乗して a になる数を，a の 平方根 という。

・記号 $\sqrt{}$ を 根号 といい，正の数 a の平方根のうち，正の方を $\sqrt{a}$ ，負の方を $-\sqrt{a}$ と書き，まとめて $\pm\sqrt{a}$ と書く。$\sqrt{0}=$ 0 ，負の数には，平方根は ない 。

・$a>0$ のとき，$(\sqrt{a})^2=a$，$(-\sqrt{a})^2=a$，$\sqrt{a^2}=a$

$$\begin{matrix} \sqrt{a} \\ -\sqrt{a} \end{matrix} \underset{\text{平方根}}{\overset{\text{2乗（平方）}}{\rightleftarrows}} a$$

2 平方根の大小 教 p.47〜p.48

・$0<a<b$ ならば $\sqrt{a}$ < $\sqrt{b}$

3 有理数と無理数 教 p.49〜p.51

・整数 m と0でない整数 n を用いて，分数 $\dfrac{m}{n}$ の形に表される数を 有理数 といい，分数の形には表せない数を 無理数 という。

・有理数を小数で表すと，有限小数か 循環小数 になる。

スピード確認（□に入るものを答えよう。答えは，下にあります。）

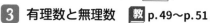

□ 25の平方根は ① ★$5^2=25$，$(-5)^2=25$

① _____

□ 6の平方根は ②

② _____

□ $(\sqrt{5})^2=$ ③

③ _____

1 □ $(-\sqrt{15})^2=$ ④
　★$(-\sqrt{a})^2=a\,(a>0)$ を使う。

④ _____

⑤ _____

□ $-\sqrt{9}$ を根号を使わずに表すと，$-\sqrt{9}=$ ⑤

⑥ _____

□ $\sqrt{\dfrac{9}{16}}$ を根号を使わずに表すと，$\sqrt{\dfrac{9}{16}}=$ ⑥

⑦ _____

2 □ 数の大小を不等号を使って表すと，$\sqrt{6}$ ⑦ $\sqrt{5}$

⑧ _____

□ 数の大小を不等号を使って表すと，-5 ⑧ $-\sqrt{24}$

⑨ _____

3 □ -0.5，$\sqrt{3}$，$\sqrt{4}$，11の中で，無理数は ⑨ である。
　★小数で表すと，循環しない無限小数になる数が無理数である。

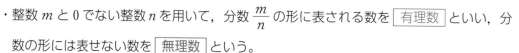

答 ①±5 ②$\pm\sqrt{6}$ ③5 ④15 ⑤-3 ⑥$\dfrac{3}{4}$ ⑦$>$ ⑧$<$ ⑨$\sqrt{3}$

基礎力UP テスト対策問題

1 平方根　次の問いに答えなさい。

(1) 次の数の平方根を求めなさい。

① 36

② 0.16

(2) 次の数の平方根を根号を使って表しなさい。

① 13

② 0.6

(3) 次の数を求めなさい。

① $(\sqrt{11})^2$

② $(-\sqrt{18})^2$

③ $(-\sqrt{0.7})^2$

④ $\left(\sqrt{\dfrac{2}{7}}\right)^2$

(4) 次の数を根号を使わずに表しなさい。

① $-\sqrt{49}$

② $\sqrt{(-13)^2}$

③ $\sqrt{\dfrac{16}{81}}$

④ $-\sqrt{15^2}$

2 平方根の大小　次の2つの数の大小を，不等号を使って表しなさい。

(1) $\sqrt{18}$, $\sqrt{6}$

(2) $\sqrt{14}$, 4

(3) $-\sqrt{21}$, $-\sqrt{23}$

(4) $\sqrt{0.7}$, 0.7

3 有理数と無理数　0.3, $-\sqrt{7}$, $-\dfrac{5}{6}$, $\sqrt{25}$ の中から，無理数を選びなさい。

1 (3) $(\sqrt{a})^2=a$,
$(-\sqrt{a})^2=a$
①～④とも，2乗しているので，答えは正の数になる。

ミス注意！
$(-13)^2=169$ で，
$\sqrt{(-13)^2}$ は 169 の平方根の正の方を表す。

ミス注意！
$0<a<b$ ならば
$\sqrt{a}<\sqrt{b}$
$-\sqrt{a}>-\sqrt{b}$

$\sqrt{25}$ は無理数かな？

テストに出る！
予想問題

2章 平方根
1節 平方根

🕐20分

/21問中

1 平方根の意味　次のことは正しいですか。正しいものには〇をつけ，誤っているものには下線部を正しくなおしなさい。

(1)　16 の平方根は $\underline{4}$ である。

(2)　$\sqrt{100} = \underline{\pm 10}$ である。

(3)　$\sqrt{(-7)^2} = \underline{-7}$ である。

(4)　$\sqrt{0.16}$ は $\underline{0.4}$ に等しい。

2 平方根　次の数の平方根を求めなさい。

(1)　900

(2)　$\dfrac{9}{16}$

(3)　0.49

(4)　13

(5)　1.9

(6)　2.56

3 平方根　次の数を根号を使わずに表しなさい。

(1)　$\sqrt{64}$

(2)　$-\sqrt{0.64}$

(3)　$\sqrt{\dfrac{1}{16}}$

(4)　$-\sqrt{0.6^2}$

(5)　$\sqrt{\dfrac{81}{121}}$

(6)　$-\sqrt{(-7)^2}$

4 🔎**よく出る**　平方根の大小　次の 2 つの数の大小を，不等号を使って表しなさい。

(1)　$\sqrt{17}$，$\sqrt{15}$

(2)　-5，$-\sqrt{26}$

(3)　$\sqrt{0.8}$，0.9

5 有理数と無理数　次の数を，有理数と無理数に分けなさい。
また，有理数のうち，循環小数であるものを答えなさい。

㋐　$\dfrac{2}{5}$

㋑　$-\sqrt{10}$

㋒　2.4

㋓　$\dfrac{\sqrt{3}}{4}$

㋔　$-\sqrt{\dfrac{25}{36}}$

㋕　$\dfrac{1}{9}$

㋖　$\sqrt{\dfrac{4}{11}}$

㋗　0

成績UPナビ
4 (2) $\sqrt{a} < \sqrt{b}$ のときは，$-\sqrt{a} > -\sqrt{b}$ となることに注意する。
5 循環小数は，ある位以下で同じ数字の並びがくり返される小数である。

2章 平方根

2節 根号をふくむ式の計算

テストに出る！ 教科書の **ココ**が**要点**

📘 さらっとまとめ（赤シートを使って，□に入るものを考えよう。）

1 根号をふくむ式の乗法と除法 教 p.53〜p.58

a，b が正の数のとき

$\cdot \sqrt{a} \times \sqrt{b} = \sqrt{\boxed{ab}}$　　$\dfrac{\sqrt{a}}{\sqrt{b}} = \sqrt{\boxed{\dfrac{a}{b}}}$　　$a\sqrt{b} = \sqrt{\boxed{a^2 b}}$　　$\sqrt{a^2 b} = \boxed{a}\sqrt{b}$

・分母に根号をふくまない形に変えることを，分母を $\boxed{有理化}$ するという。

2 根号をふくむ式の加法と減法 教 p.59〜p.60

$\cdot a\sqrt{c} + b\sqrt{c} = (\boxed{a+b})\sqrt{c}$　　$a\sqrt{c} - b\sqrt{c} = (\boxed{a-b})\sqrt{c}$

3 いろいろな計算 教 p.61〜p.62

・分配法則や展開の公式は，根号をふくむ式の計算にも利用することができる。

4 近似値と有効数字 教 p.63〜p.67

$\cdot \sqrt{a^2 b} = a\sqrt{b}$ や $\dfrac{\sqrt{b}}{\sqrt{a^2}} = \dfrac{\sqrt{b}}{a}$ を利用して，平方根の近似値を求めることができる。

・近似値から真の値をひいた差を $\boxed{誤差}$ という。（誤差）＝（近似値）－（真の値）

・近似値を表す数のうち，信頼できる数字を $\boxed{有効数字}$ という。

☑ スピード確認（□に入るものを答えよう。答えは，下にあります。）

1
□ $\sqrt{3} \times \sqrt{7} = \boxed{①}$

□ $\sqrt{18} \div \sqrt{6} = \boxed{②}$

□ $3\sqrt{5}$ を $\sqrt{a}$ の形に表すと，$3\sqrt{5} = \sqrt{3^2 \times 5} = \boxed{③}$

□ $\sqrt{80}$ を $a\sqrt{b}$ の形に表すと，$\sqrt{80} = \sqrt{16 \times 5} = \sqrt{16} \times \sqrt{5} = \boxed{④}$

□ $\dfrac{5}{\sqrt{2}}$ の分母を有理化すると，$\dfrac{5}{\sqrt{2}} = \dfrac{5 \times \sqrt{2}}{\sqrt{2} \times \sqrt{2}} = \boxed{⑤}$

2
□ $3\sqrt{2} + 6\sqrt{2} = \boxed{⑥}$

□ $2\sqrt{7} - 5\sqrt{7} = \boxed{⑦}$

3
□ $\sqrt{3}(\sqrt{12} - \sqrt{8}) = \sqrt{3}(2\sqrt{3} - 2\sqrt{2}) = \boxed{⑧}$

□ $(\sqrt{3} - 1)(\sqrt{3} + 2) = (\sqrt{3})^2 + (-1+2)\sqrt{3} - 1 \times 2 = \boxed{⑨}$

4
□ $\sqrt{5} = 2.236$ とするとき，$\sqrt{500} = 10\sqrt{5} = \boxed{⑩}$

① _____
② _____
③ _____
④ _____
⑤ _____
⑥ _____
⑦ _____
⑧ _____
⑨ _____
⑩ _____

答▶ ①$\sqrt{21}$ ②$\sqrt{3}$ ③$\sqrt{45}$ ④$4\sqrt{5}$ ⑤$\dfrac{5\sqrt{2}}{2}$ ⑥$9\sqrt{2}$ ⑦$-3\sqrt{7}$ ⑧$6-2\sqrt{6}$ ⑨$1+\sqrt{3}$
⑩22.36

基礎力UP テスト対策問題

1 根号をふくむ式の乗法と除法　次の計算をしなさい。

(1) $\sqrt{3} \times \sqrt{13}$ (2) $\dfrac{\sqrt{150}}{\sqrt{6}}$

2 根号をふくむ数の変形　次の数を $\sqrt{a}$ の形に表しなさい。

(1) $2\sqrt{7}$ (2) $5\sqrt{3}$

3 根号をふくむ数の変形　次の数を $a\sqrt{b}$ の形に変形しなさい。

(1) $\sqrt{20}$ (2) $\sqrt{600}$

4 分母の有理化　次の数の分母を有理化しなさい。

(1) $\dfrac{\sqrt{2}}{\sqrt{3}}$ (2) $\dfrac{6}{\sqrt{5}}$

5 根号をふくむ式の加法と減法　次の計算をしなさい。

(1) $4\sqrt{3} + 5\sqrt{3}$ (2) $\sqrt{20} - \sqrt{40} + \sqrt{45}$

6 いろいろな計算　次の計算をしなさい。

(1) $(2\sqrt{5} - 1)^2$ (2) $(\sqrt{6} + \sqrt{3})(\sqrt{6} - \sqrt{3})$

7 根号をふくむ式の値　$x = \sqrt{3} + \sqrt{2}$, $y = \sqrt{3} - \sqrt{2}$ のとき、$x^2 - y^2$ の式の値を求めなさい。

8 平方根の近似値　$\sqrt{5} = 2.236$, $\sqrt{50} = 7.071$ とするとき、次の値を求めなさい。

(1) $\sqrt{5000}$ (2) $\sqrt{50000}$ (3) $\sqrt{0.5}$

9 誤差　次の □ にあてはまる数を書きなさい。

　ある数 a の小数第 1 位を四捨五入した値が 27 のとき、a の値の範囲は、□ $\leq a <$ □ となり、誤差の絶対値は □ 以下である。

テスト対策ナビ

絶対に覚える!

■ a, b が正の数のとき、

$$\sqrt{a} \times \sqrt{b} = \sqrt{ab}$$

$$\frac{\sqrt{a}}{\sqrt{b}} = \sqrt{\frac{a}{b}}$$

ポイント

■ 分母を有理化するときは、分母と分子に同じ数をかける。

$$\frac{a}{\sqrt{b}} = \frac{a \times \sqrt{b}}{\sqrt{b} \times \sqrt{b}}$$
$$= \frac{a\sqrt{b}}{b}$$

思い出そう!

・$(x - a)^2$
$= x^2 - 2ax + a^2$
・$(x + a)(x - a)$
$= x^2 - a^2$

7 $x^2 - y^2$ を先に因数分解してから x, y の値を代入すると計算しやすい。

2章 平方根
2節 根号をふくむ式の計算

⏱20分

/20問中

1 根号の中を簡単にする　次の数を $a\sqrt{b}$ の形に変形しなさい。

(1) $\sqrt{45}$　　　　　　(2) $\sqrt{112}$　　　　　　(3) $\sqrt{405}$

2 平方根の乗法と除法　次の計算をしなさい。

(1) $\sqrt{24} \times \sqrt{27}$　　　　(2) $(-\sqrt{3}) \times \sqrt{54}$　　　(3) $\sqrt{48} \div (-\sqrt{8})$

3 分母の有理化　次の数の分母を有理化しなさい。

(1) $\dfrac{\sqrt{7}}{\sqrt{2}}$　　　　　　(2) $\dfrac{5}{3\sqrt{5}}$　　　　　　(3) $\dfrac{\sqrt{8}}{2\sqrt{6}}$

4 🅟よく出る　根号をふくむ式の加法と減法　次の計算をしなさい。

(1) $7\sqrt{3} - 4\sqrt{3}$　　　　　　(2) $4\sqrt{6} - 7\sqrt{6} + 3\sqrt{6}$

(3) $\sqrt{32} + \sqrt{72}$　　　　　　(4) $\sqrt{8} + \sqrt{27} - \sqrt{75} + \sqrt{98}$

5 いろいろな計算　次の計算をしなさい。

(1) $\sqrt{3}(\sqrt{15} + \sqrt{2})$　　　　(2) $\sqrt{6}\left(\dfrac{5}{\sqrt{3}} - 3\sqrt{2}\right)$

(3) $(\sqrt{7} + 2)(\sqrt{7} - 3)$　　　(4) $(\sqrt{5} + \sqrt{2})^2 - (\sqrt{5} - \sqrt{2})^2$

6 平方根の近似値　$\sqrt{2} = 1.414$，$\sqrt{20} = 4.472$ とするとき，次の値を求めなさい。

(1) $\sqrt{0.2}$　　　　　(2) $\sqrt{18}$　　　　　(3) $\dfrac{12}{\sqrt{18}}$

5 (4) $a^2 - b^2 = (a+b)(a-b)$ の公式を利用して計算することもできる。
6 (3) まず，$\sqrt{}$ の中を簡単にしてから，有理化する。

テストに出る！

章末予想問題 | 2章 平方根

⏱ 30分

/100 点

1 次の問いに答えなさい。 　　　　　　　　　　　　　　　4点×4〔16点〕

(1) 32 の平方根を求めなさい。

(2) $-\sqrt{\dfrac{4}{9}}$ を根号を使わずに表しなさい。

(3) -4，$-2\sqrt{5}$，$-3\sqrt{2}$ の大小を，不等号を使って表しなさい。

(4) 次の⑦〜㋔の中から，無理数をすべて選び，記号で答えなさい。

　⑦ 3.14　　㋑ $\dfrac{3}{\sqrt{2}}$　　㋒ π　　㋓ $\sqrt{\dfrac{9}{25}}$　　㋔ $\sqrt{4}+\sqrt{5}$

2 次の計算をしなさい。 　　　　　　　　　　　　　　　4点×6〔24点〕

(1) $\sqrt{18}\times\sqrt{20}$

(2) $\sqrt{24}\div3\sqrt{32}\times2\sqrt{18}$

(3) $3\sqrt{3}-\sqrt{28}-2\sqrt{48}+\sqrt{175}$

(4) $\dfrac{1}{2\sqrt{2}}+\dfrac{6}{\sqrt{3}}\div\sqrt{6}$

(5) $2\sqrt{3}\left(\sqrt{27}-\dfrac{\sqrt{15}}{3}\right)$

(6) $(\sqrt{13}-\sqrt{5})(\sqrt{13}+\sqrt{5})-(\sqrt{5}-\sqrt{3})^2$

3 $x=\sqrt{10}+\sqrt{5}$，$y=\sqrt{10}-\sqrt{5}$ のとき，次の式の値を求めなさい。 　　5点×2〔10点〕

(1) xy

(2) x^2-y^2

4 $\sqrt{3}=1.732$ とするとき，次の値を求めなさい。 　　5点×2〔10点〕

(1) $\dfrac{3}{\sqrt{12}}$

(2) $(\sqrt{3}+1)^2$

5 地球の直径はおよそ 12700 km です。有効数字を 4 けたとして，この距離を整数の部分が1 けたの数と，10 の累乗との積の形で表しなさい。 　　　〔5点〕

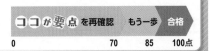

---

6 差がつく　次の問いに答えなさい。 7点×5〔35点〕

(1) $\sqrt{10} < a < \sqrt{50}$ をみたす整数 a の値をすべて求めなさい。

(2) $\sqrt{17-n}$ が整数となる自然数 n の値をすべて求めなさい。

(3) $\sqrt{168n}$ が整数となる自然数 n のうち，もっとも小さいものを求めなさい。

(4) $\sqrt{10}$ を小数で表したときの小数部分を a とするとき，$a(a+6)$ の値を求めなさい。

(5) 体積が $450\ \mathrm{cm}^3$，高さが $10\ \mathrm{cm}$ の正四角柱があります。この正四角柱の底面の正方形の1辺の長さを求めなさい。

1	(1)		(2)	
	(3)			(4)
2	(1)	(2)		(3)
	(4)	(5)		(6)
3	(1)		(2)	
4	(1)		(2)	
5				
6	(1) $a=$		(2) $n=$	
	(3) $n=$	(4)		(5)

1	/16点	2	/24点	3	/10点	4	/10点	5	/5点	6	/35点

3章 2次方程式

1節 2次方程式

テストに出る! 教科書の **ココ**が**要点**

さらっとまとめ (赤シートを使って, □に入るものを考えよう。)

1 2次方程式とその解 **教** p.74〜p.75

・$ax^2+bx+c=0$ ($a \neq 0$) の形になる方程式を, x についての 2次方程式 という。

・2次方程式を成り立たせる文字の値を, その2次方程式の 解 という。

・2次方程式の解をすべて求めることを, その2次方程式を 解く という。

2 因数分解による解き方 **教** p.76〜p.79

・2つの数や式を A, B とするとき, $AB=0$ ならば $A=0$ または $B=0$

　この性質と因数分解を利用して解く。

3 平方根の考えを使った解き方 **教** p.80〜p.84

・$ax^2+c=0 \rightarrow x^2=k$ ($k>0$) の形に変形 $\rightarrow x=\pm\sqrt{k}$

・$(x+m)^2=k$ ($k>0$) $\rightarrow x+m=\pm\sqrt{k} \rightarrow x=-m\pm\sqrt{k}$

4 2次方程式の解の公式 **教** p.85〜p.87

・2次方程式 $ax^2+bx+c=0$ の解は, $x=\dfrac{-b\pm\sqrt{b^2-4ac}}{2a}$

スピード確認 (□に入るものを答えよう。答えは, 下にあります。)

1
　2次方程式 $x^2-6x+8=0$ について,

　　$2^2-6\times2+8=0$　　$4^2-6\times4+8=$ ①

　　よって, $x^2-6x+8=0$ の解は, $x=2$, $x=$ ②

2
　□ $x^2+2x-3=0 \rightarrow (x+3)(x-1)=0 \rightarrow x=$ ③, $x=1$

　□ $x^2-x=20 \rightarrow x^2-x-20=0 \rightarrow (x+4)(x-5)=0 \rightarrow x=$ ④, $x=5$

　□ $4x^2=8x \rightarrow x^2=2x \rightarrow x^2-2x=0 \rightarrow x(x-2)=0 \rightarrow x=$ ⑤, $x=2$

　□ $x^2-4x+4=0 \rightarrow (x-2)^2=0 \rightarrow x=$ ⑥

3
　□ $2x^2-16=0 \rightarrow x^2=8 \rightarrow x=$ ⑦

　□ $(x-3)^2-7=0 \rightarrow (x-3)^2=7 \rightarrow x-3=\pm\sqrt{7} \rightarrow x=$ ⑧

4
　□ $3x^2+4x-1=0$　解の公式より,

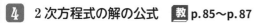

　　$x=\dfrac{-4\pm\sqrt{4^2-4\times3\times(-1)}}{2\times \boxed{⑨}}=$ ⑩　　★解の公式はとても重要!

①
②
③
④
⑤
⑥
⑦
⑧
⑨
⑩

答 ①0 ②4 ③−3 ④−4 ⑤0 ⑥2 ⑦$\pm2\sqrt{2}$ ⑧$3\pm\sqrt{7}$ ⑨3 ⑩$\dfrac{-2\pm\sqrt{7}}{3}$

基礎力UP テスト対策問題

1 2次方程式とその解　次の方程式のうち，3が解になるものはどれですか。

㋐ $x^2-4x+3=0$　　　㋑ $x^2+2x-3=0$

㋒ $x^2-5x+6=0$　　　㋓ $x^2-x-6=0$

2 因数分解による解き方　次の方程式を解きなさい。

(1) $(x-3)(2x+1)=0$　　(2) $x(x+4)=0$

(3) $x^2-3x+2=0$　　　(4) $x^2-x=6$

(5) $5x^2=20x$　　　　(6) $x^2-6x+9=0$

3 平方根の考えを使った解き方　次の方程式を解きなさい。

(1) $x^2-3=0$　　　　(2) $3x^2-20=4$

(3) $(x+5)^2=9$　　　(4) $(x-2)^2-3=0$

(5) $x^2-6x-4=0$　　(6) $x^2+5x-3=0$

4 2次方程式の解の公式　次の方程式を解きなさい。

(1) $2x^2-3x-4=0$　　(2) $3x^2+6x-1=0$

(3) $4x^2-5x-6=0$　　(4) $9x^2-12x+2=0$

5 いろいろな2次方程式　次の方程式を解きなさい。

(1) $(x-9)(x+5)=-33$　(2) $(x-3)^2=3(x-3)$

テスト対策ナビ

1 2次方程式の解を方程式に代入して，（左辺）＝（右辺）となるか確かめる。

絶対に覚える！

■因数分解による解き方
$AB=0$ ならば
$A=0$ または $B=0$

ポイント

■$ax^2=c$ の形
$\rightarrow x^2=\dfrac{c}{a}$
$\rightarrow x=\pm\sqrt{\dfrac{c}{a}}$
■$(x+m)^2=k$ の形
$\rightarrow x+m=\pm\sqrt{k}$
$\rightarrow x=-m\pm\sqrt{k}$

絶対に覚える！

■2次方程式
$ax^2+bx+c=0$ の解は，
$x=\dfrac{-b\pm\sqrt{b^2-4ac}}{2a}$

5 (1) $x^2+px+q=0$ の形に整理し，左辺を因数分解して解く。
(2) $x-3=M$ とおく。

テストに出る！

予想問題

3章 2次方程式
1節 2次方程式

⏱20分

/17問中

1 因数分解による解き方　次の方程式を解きなさい。

(1)　$(x+6)(x-4)=0$

(2)　$x^2-4x-32=0$

(3)　$x^2+7x=0$

(4)　$x^2-22x+121=0$

2 平方根の考えを使った解き方　次の方程式を解きなさい。

(1)　$x^2=16$

(2)　$2x^2-30=6$

(3)　$(x+2)^2-7=0$

(4)　$x^2-7x+5=0$

3 🔎**よく出る**　解の公式による解き方　次の方程式を解きなさい。

(1)　$2x^2+5x-1=0$

(2)　$x^2-2x-5=0$

(3)　$3x^2-4x-2=0$

(4)　$4x^2+8x+3=0$

4 複雑な2次方程式の解き方　次の方程式を解きなさい。

(1)　$(x-3)(x+6)=10$

(2)　$x(x-7)=x$

(3)　$(x-2)^2+(x-2)-30=0$

(4)　$(2x+1)^2-3(4x+1)=0$

5 解が与えられた2次方程式　xの2次方程式 $x^2+ax-20=0$ の解の1つが -4 であるとき，a の値ともう1つの解を求めなさい。

4 まず（2次式）$=0$ の形になおしてから解く。(3)は，$x-2=M$ とおく。
5 xの2次方程式 $x^2+ax+b=0$ の解の1つが p であるとき，$p^2+ap+b=0$ が成り立つ。

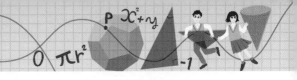

2節 2次方程式の利用

テストに出る！ **教科書の ココ が 要点**

📖 さらっとまとめ （赤シートを使って，□に入るものを考えよう。）

1 整数の問題 教 p.90

・求める数量を文字で表し，方程式をつくる。

・その方程式を解く。

・解が実際の問題に適しているか確かめる。

2 図形の問題 教 p.91〜p.93

・求める長さなどを文字で表し，方程式をつくる。

・その方程式を解く。

・解が実際の問題に適しているか確かめる。

> 連続する 3 つの整数
> $x-1,\ x,\ x+1$（x は整数）
> 2 けたの正の整数　$10a+b$
> （$1\leqq a\leqq 9,\ 0\leqq b\leqq 9$）

✅ スピード確認 （□に入るものを答えよう。答えは，下にあります。）

1 □ ある整数に 5 を加えて 2 乗するところを，まちがえて 5 を加えて 2 倍してしまいました。しかし，答えは同じになりました。この整数を求めなさい。

この整数を x とすると，$(x+5)^2=2(x+\boxed{①})$

これを整理すると，$x^2+8x+15=0$　$(x+5)(x+\boxed{②})=0$

これを解いて，$x=-5,\ x=\boxed{③}$　　ともに問題に適している。

答　$-5,\ \boxed{③}$

① _____
② _____
③ _____

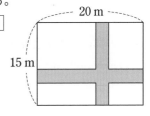

20 m

15 m

2 □ 縦 15 m，横 20 m の長方形の土地に，右の図のように道幅が同じで互いに垂直な道をつくったら，残った土地の面積が 204 m² になりました。道幅は何 m になりますか。

道幅を x m として，残った土地について方程式に表すと，

$(15-x)(20-x)=\boxed{④}$

これを整理すると，$x^2-35x+96=0$

$(x-\boxed{⑤})(x-32)=0$　よって，$x=\boxed{⑥},\ x=32$

$0<x<15$ であるから，$x=\boxed{⑦}$ は問題に適しているが，

$x=\boxed{⑧}$ は問題に適していない。　　答　$\boxed{⑦}$ m

④ _____
⑤ _____
⑥ _____
⑦ _____
⑧ _____

答　①5　②3　③-3　④204　⑤3　⑥3　⑦3　⑧32

基礎力UP テスト対策問題

1 整数の問題 ある自然数の 2 乗と，もとの数を 2 倍して 15 を加えた数が等しくなります。もとの自然数を求めなさい。

1 もとの自然数を x とおいて，関係を式に表す。

2 整数の問題 連続する 2 つの整数があります。これら 2 つの整数の積は，2 つの整数の和よりも 55 大きくなります。これら 2 つの整数を求めなさい。

ポイント
連続する 2 つの整数
$x,\ x+1$
連続する 3 つの整数
$x-1,\ x,\ x+1$

3 図形の問題 右の図のような正方形 ABCD で，点 P は点 A を出発して AB 上を点 B まで動きます。また，点 Q は，点 P が点 A を出発するのと同時に点 B を出発し，点 P と同じ速さで BC 上を点 C まで動きます。点 P が点 A から何 cm 動いたとき，△PBQ の面積が 6 cm² になりますか。

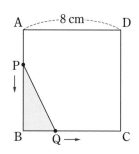

3 AP の長さを x cm とすると，
PB$=(8-x)$ cm,
BQ$=x$ cm より，
△PBQ の面積を x の式で表す。

4 図形の問題 横が縦より 15 cm 長い長方形の紙があります。この紙の四すみから 1 辺が 5 cm の正方形を切り取って，直方体の容器を作ったら，容積が 500 cm³ になりました。もとの長方形の縦の長さを求めなさい。

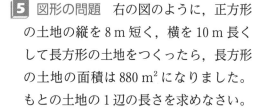

4 長方形の紙の縦の長さを x cm とすると，直方体の容器の縦の長さは $(x-10)$ cm,
横の長さは $(x+15-10)$ cm

5 図形の問題 右の図のように，正方形の土地の縦を 8 m 短く，横を 10 m 長くして長方形の土地をつくったら，長方形の土地の面積は 880 m² になりました。もとの土地の 1 辺の長さを求めなさい。

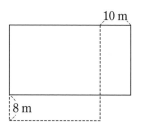

5 正方形の土地の 1 辺の長さを x m として，長方形の土地の縦と横の長さを x の式で表す。

テストに出る！
予想問題

3章 2次方程式
2節 2次方程式の利用

⏱20分

／5問中

1 🖋よく出る **整数の問題** 連続する3つの整数があります。もっとも小さい数の2乗ともっとも大きい数の2乗の和は，中央の数の2倍より6大きくなりました。これら3つの整数を求めなさい。

2 **整数の問題** 大小2つの自然数があります。その差は6で，積は112です。この2つの自然数を求めなさい。

3 **図形の問題** 右の図のような直角二等辺三角形 ABC で，点Pは，点Aを出発して辺 AB 上を点Bまで毎秒1cm の速さで動きます。また，点Qは，点Pが点Aを出発するのと同時に点Cを出発し，点Pと同じ速さで辺 BC 上を点Bまで動きます。△PBQ の面積が △ABC の面積の $\frac{4}{9}$ になるのは，何秒後ですか。

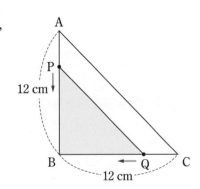

4 **図形の問題** 縦の長さが12m，横の長さが16mの長方形の畑に，右の図のように，幅が同じで互いに垂直な通路をつくります。
通路以外の部分の面積を120 m² にするには，通路の幅を何m にすればよいか求めなさい。

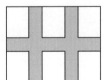

5 **図形の問題** 正方形の紙の四すみから1辺が4cm の正方形を切り取り，直方体の容器を作ったら，容積が576 cm³ になりました。紙の1辺の長さを求めなさい。

成績UPナビ
3 点P，Qが出発してからの時間を x 秒として，△PBQ の面積を式で表す。
4 通路の幅を x m とする。3本の通路をそれぞれ端に動かして考える。

テストに出る!

章末予想問題 3章 2次方程式 ⏱ 30分 /100点

1 1, 2, 3, 4, 5 のうち, 次の 2 次方程式の解になるものを求めなさい。 4点×2〔8点〕

(1) $x^2-6x+5=0$

(2) $x^2-7x+12=0$

2 次の方程式を解きなさい。 4点×6〔24点〕

(1) $5x^2-80=0$

(2) $3(x+1)^2-60=0$

(3) $x^2+6x-4=0$

(4) $x^2-9x+3=0$

(5) $3x^2-2x-2=0$

(6) $5x^2-7x+2=0$

3 次の方程式を解きなさい。 4点×6〔24点〕

(1) $(3x-2)(x+4)=0$

(2) $x^2+6x-16=0$

(3) $x^2-14x+49=0$

(4) $-2x^2+14x+60=0$

(5) $(x+4)(x-5)=2(3x-1)$

(6) $(x+3)^2-5(x+3)-14=0$

4 次の問いに答えなさい。 6点×2〔12点〕

(1) x の 2 次方程式 $x^2+ax-24=0$ の 1 つの解が 4 のとき, a の値を求めなさい。また, もう 1 つの解を求めなさい。

(2) 2 次方程式 $x^2+x-20=0$ の小さい方の解が, 2 次方程式 $x^2+ax+10=0$ の解の 1 つになっています。このとき, a の値を求めなさい。

満点ゲット作戦

2次方程式を解くときは，まず因数分解を利用できるかを考えて，
できなければ解の公式などを使って解こう。

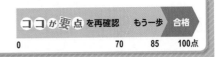

ココが要点を再確認　もう一歩　合格

0　　　　　　70　　85　　100点

---

⑤ 連続する3つの自然数があります。そのもっとも小さい数を2乗したら，残りの2数の和
に等しくなりました。これら3つの自然数を求めなさい。　〔10点〕

⑥ 縦が5m，横が12mの長方形の土地に，右の図のように，
幅が同じで互いに垂直な道をつけて，残りを花だんにしたら，
2つの花だんの面積が長方形の土地の面積の $\dfrac{3}{5}$ になりまし
た。道の幅を求めなさい。　〔10点〕

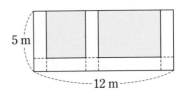

5 m

12 m

⑦ 差がつく　右の図で，点Pは $y=x+6$ のグラフ上の点で，
点Aは $PO=PA$ となる x 軸上の点です。点Pの x 座標を a
として，次の座標を求めなさい。ただし，$a>0$ とし，座標軸の
1目もりは1cmとします。

(1) 点Pの y 座標

(2) △POA の面積が40cm² のときの点Pの座標

6点×2〔12点〕

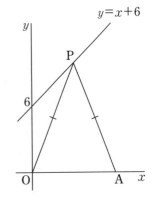

$y=x+6$

①	(1)	(2)	
②	(1)	(2)	(3)
	(4)	(5)	(6)
③	(1)	(2)	(3)
	(4)	(5)	(6)
④	(1) $a=$	もう1つの解	(2) $a=$
⑤			
⑥			
⑦	(1)	(2)	

①	/8点	②	/24点	③	/24点	④	/12点	⑤	/10点	⑥	/10点	⑦	/12点

4章 関数 $y=ax^2$

1節 関数 $y=ax^2$

テストに出る! 教科書の **ココ**が**要点**

📖 **さらっとまとめ** (赤シートを使って，□に入るものを考えよう。)

1 2乗に比例する関数 📙 p.98〜p.101

・y が x の関数で，$y=ax^2$ (a は 0 でない定数) と表されるとき，y は $\boxed{x \text{ の 2 乗に比例する}}$ という。また，この定数 a を $\boxed{\text{比例定数}}$ という。

2 関数 $y=ax^2$ のグラフ 📙 p.102〜p.110

・$\boxed{y\text{軸}}$ を対称軸とし，$\boxed{\text{原点}}$ を頂点とする $\boxed{\text{放物線}}$。

・$a>0$ のときは $\boxed{\text{上}}$ に開いた形，$a<0$ のときは $\boxed{\text{下}}$ に開いた形になる。

・a の絶対値が大きいほど，グラフの開きぐあいは $\boxed{\text{小さく}}$ なる。

・$y=ax^2$ のグラフと $y=-ax^2$ のグラフは，$\boxed{x\text{軸}}$ について対称である。

3 関数 $y=ax^2$ の値の変化 📙 p.112〜p.117

・$a>0$ のとき，x の値が増加すると，$x<0$ では y の値は $\boxed{\text{減少}}$ し，$x>0$ では y の値は $\boxed{\text{増加}}$ する。$x=0$ のときに y は $\boxed{\text{最小値}}$ 0 をとる。

・$a<0$ のとき，x の値が増加すると，$x<0$ では y の値は $\boxed{\text{増加}}$ し，$x>0$ では y の値は $\boxed{\text{減少}}$ する。$x=0$ のときに y は $\boxed{\text{最大値}}$ 0 をとる。

・(変化の割合)$=\dfrac{(y \text{ の増加量})}{(x \text{ の増加量})}$　　関数 $y=ax^2$ では，変化の割合は $\boxed{\text{一定}}$ ではない。

☑️ **スピード確認** (□に入るものを答えよう。答えは，下にあります。)

1 □ y が x の 2 乗に比例し，$x=3$ のとき，$y=-18$ である。
このとき，y を x の式で表すと，$y=\boxed{①}$

2 □ 右のグラフ㋐〜㋤のうち，
$a>0$ のものは，$\boxed{②}$ と $\boxed{③}$
a の絶対値が等しいものは，$\boxed{④}$ と $\boxed{⑤}$
a が最大のものは $\boxed{⑥}$，最小のものは $\boxed{⑦}$

3 □ 関数 $y=2x^2$ について，x の変域が $-2 \leqq x \leqq 1$ のとき，y の変域は $\boxed{⑧}$ となる。

□ 関数 $y=3x^2$ について，x の値が 1 から 3 まで増加するときの変化の割合は $\boxed{⑨}$ である。

① _____
② _____
③ _____
④ _____
⑤ _____
⑥ _____
⑦ _____
⑧ _____
⑨ _____

答 ▶ ①$-2x^2$ ②㋐ ③㋑ ④㋑ ⑤㋤ ⑥㋐ ⑦㋒ ⑧$0 \leqq y \leqq 8$ ⑨12

基礎力UP テスト対策問題

1 **2乗に比例する関数** 次の(1)，(2)の場合について，y を x の式で表しなさい。また，y が x の2乗に比例するものには○，そうでないものには×をつけなさい。

(1) 底辺が x cm，高さが 6 cm の三角形の面積を y cm^2 とする。

(2) 長さ x cm の針金を折り曲げて作る正方形の面積を y cm^2 とする。

ポイント

■y は x の2乗に比例する
⇒$y=ax^2$ $(a \neq 0)$

2 **2乗に比例する関数を求める** y は x の2乗に比例し，$x=4$ のとき $y=32$ です。

(1) y を x の式で表しなさい。

(2) $x=2$ のときの y の値を求めなさい。

(3) $x=-3$ のときの y の値を求めなさい。

2 (1) $y=ax^2$ に $x=4$，$y=32$ を代入して a の値を求める。

(2)(3) 求めた式に x の値を代入して y の値を求める。

3 **関数 $y=ax^2$ のグラフ** 右の図に，関数 $y=\dfrac{1}{3}x^2$ と $y=-\dfrac{1}{3}x^2$ のグラフをかき入れなさい。

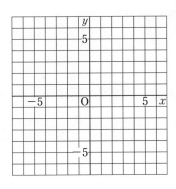

ポイント

■$y=ax^2$ のグラフは原点を頂点，y 軸を対称軸とする放物線になる。

4 **関数 $y=ax^2$ の変域** 関数 $y=3x^2$ について，x の変域が次の場合の y の変域を求めなさい。

(1) $-3 \leqq x \leqq -1$ (2) $-2 \leqq x \leqq 3$

4 先にグラフをかいて，y の値の最大値と最小値を考える。

5 **関数 $y=ax^2$ の変化の割合** 関数 $y=3x^2$ について，x の値が次のように増加するときの変化の割合を求めなさい。

(1) 2 から 5 まで   (2) -6 から -3 まで

絶対に覚える！

■(変化の割合)
$=\dfrac{(y の増加量)}{(x の増加量)}$

テストに出る！

予想問題

4章 関数 $y=ax^2$
1節 関数 $y=ax^2$

⏱ 20分

/14問中

1 2乗に比例する関数　底面が半径 x cm の円で，高さが 10 cm の円柱の体積を y cm³ とします。

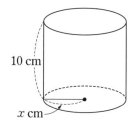

10 cm

x cm

(1)　y を x の式で表しなさい。

(2)　底面の半径が 5 cm のとき，体積を求めなさい。

(3)　体積が 640π cm³ のとき，底面の半径を求めなさい。

2 よく出る　2乗に比例する関数を求める　y は x の 2 乗に比例し，$x=-2$ のとき $y=-16$ です。

(1)　y を x の式で表しなさい。　　　(2)　$x=3$ のときの y の値を求めなさい。

(3)　$y=-64$ のときの x の値を求めなさい。

3 関数 $y=ax^2$ のグラフ　右の図の(1)〜(3)は，下の⑦〜⑦の関数のグラフを示したものです。(1)〜(3)はそれぞれどの関数のグラフか記号で答えなさい。

$⑦$　$y=x^2$　　$④$　$y=\dfrac{1}{3}x^2$　　$⑦$　$y=-\dfrac{1}{2}x^2$

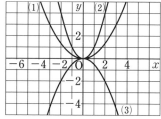

4 よく出る　関数 $y=ax^2$ の変域　関数 $y=-3x^2$ について，x の変域が次の場合の y の変域を求めなさい。

(1)　$1\leqq x\leqq 4$　　　　　　　　(2)　$-2\leqq x\leqq 3$

5 関数 $y=ax^2$ の変化の割合　関数 $y=\dfrac{1}{4}x^2$ について，x の値が次のように増加するときの変化の割合を求めなさい。

(1)　2 から 6 まで増加　　　　　　(2)　-8 から -4 まで増加

6 平均の速さ　傾きが一定の斜面でボールを転がすとき，転がり始めてから x 秒間に転がった距離を y m とすると，$y=2x^2$ の関係があります。転がり始めて 2 秒後から 6 秒後までの平均の速さを求めなさい。

1(3)　x の変域に注意して，問題の答えを決める。
4　x の変域に $x=0$ が含まれているとき，y の最大値，最小値に注意する。

2節 関数の利用

テストに出る！ 教科書の ココ が 要点

📖 さらっとまとめ（赤シートを使って，□に入るものを考えよう。）

1 **関数 $y=ax^2$ の利用** 教 p.119〜p.122

・身のまわりの問題を，関数 $y=\boxed{ax^2}$（y は x の2乗に比例する）を利用して解決する。

2 **いろいろな関数** 教 p.123

・身のまわりに現れるいろいろな関数を見つけ，変化や対応のようすを調べてみる。

・式に表すことが難しい関数でも，表や $\boxed{グラフ}$ を用いることで，x, y の関係や変化の
ようすを調べられる場合がある。

☑ スピード確認（□に入るものを答えよう。答えは，下にあります。）

1
□ 高いところからボールを落とすとき，落ち始めてから x 秒間に
落ちる距離を y m とすると，y は x の2乗に比例し，落ち始め
てから2秒後に20 m 落ちます。

　y を x の式で表すと，$\boxed{①}$

　★$y=ax^2$ として，$x=2$, $y=20$ を代入する。

　落ち始めてから3秒後に落ちた距離は $\boxed{②}$ m

　80 m の高さから落とすとき，$\boxed{③}$ 秒で地面につく。

① ＿＿＿＿＿＿＿

② ＿＿＿＿＿＿＿

③ ＿＿＿＿＿＿＿

④ ＿＿＿＿＿＿＿

⑤ ＿＿＿＿＿＿＿

⑥ ＿＿＿＿＿＿＿

□ 関数 $y=x^2$ と $y=ax$ のグラフが，2点 O, A で交わっている。⑦ ＿＿＿＿＿＿＿
点 A の x 座標が3であるとき，$a=\boxed{④}$

2
□ あるタクシー会社の料金は，右の
表のようになっています。

　2800 m 乗るときの料金は $\boxed{⑤}$ 円

　3700 m 乗るときの料金は $\boxed{⑥}$ 円

　タクシーに乗る距離と料金の関係
　は，関数で $\boxed{⑦}$。

　★x の値が1つ決まると，それに対応して
　　y の値がただ1つ決まる。

乗る距離	料金
2000 m まで	750 円
2280 m まで	840 円
2560 m まで	930 円
2840 m まで	1020 円
3120 m まで	1110 円
3400 m まで	1200 円
3680 m まで	1290 円
3960 m まで	1380 円

タクシーに乗る
距離と料金の関
係は関数といえ
るかな？

基礎力UP テスト対策問題

1 関数 $y=ax^2$ の利用　自動車にブレーキをかけたとき，ブレーキがきき始めてから自動車が停止するまでの距離を制動距離といい，制動距離は自動車の速さの2乗に比例するものとします。ある自動車では，時速 30 km で走るときの制動距離が 7.2 m でした。

(1) 時速 x km で走ったときの制動距離が y m であるとして，y を x の式で表しなさい。

(2) 時速 50 km で走るときの制動距離を求めなさい。

2 図形と関数　右の図のように，直角二等辺三角形 ABC と正方形 EFGH が直線 ℓ 上に並んでいます。正方形を固定し，三角形を矢印の方向に辺 AB と辺 EF が重なるまで移動します。
FC＝x cm のときの2つの図形が重なる部分の面積を y cm^2 とします。

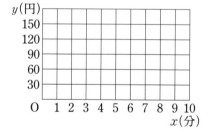

(1) y を x の式で表しなさい。

(2) 2つの図形が重なる部分の面積が 9 cm^2 のとき，線分 FC の長さを求めなさい。

3 いろいろな関数　ある携帯電話の料金プランでは，通話時間によって，料金が下の表のように決まっています。通話時間を x 分，料金を y 円として，グラフを右の図にかき入れなさい。

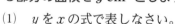

通話時間	料金
3分まで	90 円
6分まで	120 円
9分まで	150 円

テスト対策ナビ

1 (1) $y=ax^2$ に $x=30$，$y=7.2$ を代入して，a の値を求める。

(2) (1)で求めた式に $x=50$ を代入して求める。

2 (1) 重なった部分は，直角二等辺三角形になる。

(2) (1)で求めた式に $y=9$ を代入して求める。

ミス注意！
グラフで，端の点をふくむ場合は●ふくまない場合は○を使って表す。

テストに出る!

予想問題

4章 関数 $y=ax^2$

2節 関数の利用

⏱20分

/7問中

1 関数 $y=ax^2$ の利用　列車が駅を出発してから x 秒間に進む距離を y m とすると，$0 \leqq x \leqq 45$ では，y は x の2乗に比例し，そのグラフは右の図のようになります。

(1) 列車は駅を出発してから 24 秒後に，駅から何mの地点を通過するか答えなさい。

(2) 列車が駅を発車すると同時に，秒速 10 m で走ってきたバイクが駅を通過しました。バイクはこの速さのまま進むものとします。バイクが列車に追いつかれるのは，駅を通過してから何秒後になりますか。

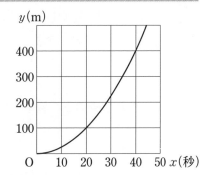

2 🔍よく出る　関数 $y=ax^2$ の利用　$y=\dfrac{1}{2}x^2$ のグラフ上に，x 座標がそれぞれ -2, 4 となる点 A，B をとり，A，B を通る直線と y 軸との交点を C とします。点P は $y=\dfrac{1}{2}x^2$ のグラフ上の O から B までの部分にある，原点以外の点です。

(1) 直線 AB の式を求めなさい。

(2) $\triangle$OAB の面積を求めなさい。

(3) $\triangle$PAB の面積が $\triangle$OAB の面積と等しくなるときの点Pの座標を求めなさい。

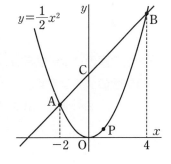

3 いろいろな関数　ある鉄道会社では，電車に乗る距離によって，料金が下の表のように決まっています。

乗る距離	料金
3 km まで	180 円
5 km まで	210 円
7 km まで	240 円

(1) 乗る距離を x km，料金を y 円として，グラフを右の図にかき入れなさい。

(2) この鉄道で 6.9 km 乗るときの料金を求めなさい。

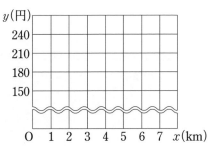

1 (1) まず，y を x の式に表してから，$x=24$ を代入して求める。

2 (3) OP∥AB となるとき，$\triangle$PAB$=\triangle$OAB になる。

テストに出る!

章末予想問題

4章 関数 $y = ax^2$

⏱ 30分

/100点

1 y は x の2乗に比例し，$x=3$ のとき $y=6$ です。　　　　5点×4〔20点〕

(1) y を x の式で表しなさい。

(2) $x=6$ のときの y の値を求めなさい。

(3) $y=54$ のときの x の値を求めなさい。

(4) この関数について，x の値が -6 から -3 まで増加するときの変化の割合を求めなさい。

2 右の図の2つの曲線は，どちらも y が x の2乗に比例する関数のグラフです。　　　5点×4〔20点〕

(1) ①，②の関数の式をそれぞれ求めなさい。

(2) ①の関数のグラフは，2点 $(6, b)$，$(c, 27)$ を通ります。b，c の値を求めなさい。

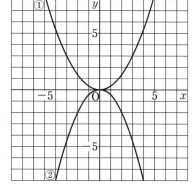

(3) ②の関数について，x の変域が $-6 \leqq x \leqq 8$ のときの y の変域を求めなさい。

3 関数 $y = ax^2$ について，次のそれぞれの場合の a の値を求めなさい。　　8点×2〔16点〕

(1) x の変域が $-4 \leqq x \leqq 2$ のとき，y の変域が $0 \leqq y \leqq 8$ である。

(2) x の値が2から5まで増加するときの変化の割合が14である。

満点ゲット作戦
関数 $y=ax^2$ について，x の変域から y の変域を求めるときは，まず，グラフをかいてから，考えるようにしよう。

ココが要点を再確認　もう一歩　合格

0　　　70　　　85　　100点

4 運送会社 A，B では，送る荷物の重さによって料金が決まっています。運送会社Aでは，10 kg までの料金が 3000 円で，その後 1 kg ごとに 300 円ずつ高くなります。運送会社Bでは，11 kg までの料金が 2800 円で，その後 1 kg ごとに 400 円ずつ高くなります。重さが 15 kg の荷物を送るとき，A，B どちらの会社を利用すれば安くなりますか。〔8点〕

5 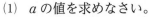 右の図において，3 点 A，B，C は放物線 $y=ax^2$ 上に，点 D は y 軸上にあり，AD は x 軸に平行です。AD＝BC，AD∥BC で，B$(-2,\ 2)$ とします。　9点×2〔18点〕

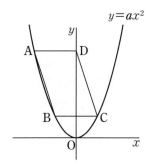

(1) a の値を求めなさい。

(2) 座標軸の 1 目もりを 1 cm として，四角形 ABCD の面積を求めなさい。

6 右の図のような正方形 ABCD で，点 P は，A を出発して辺 AB 上を B まで動きます。また，点 Q は，点 P と同時に A を出発して，正方形の周上を D を通って C まで，P の 2 倍の速さで動きます。AP の長さが x cm のときの △APQ の面積を y cm^2 とします。

9点×2〔18点〕

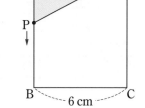

(1) $0 \le x \le 3$ のとき，y を x の式で表し，y の変域を求めなさい。

(2) $3 \le x \le 6$ のとき，y を x の式で表し，y の変域を求めなさい。

1	(1)		(2) $y=$	
	(3) $x=$		(4)	
2	(1) ①		②	
	(2) $b=$	$c=$	(3)	
3	(1) $a=$		(2) $a=$	
4				
5	(1) $a=$		(2)	
6	(1)		(2)	

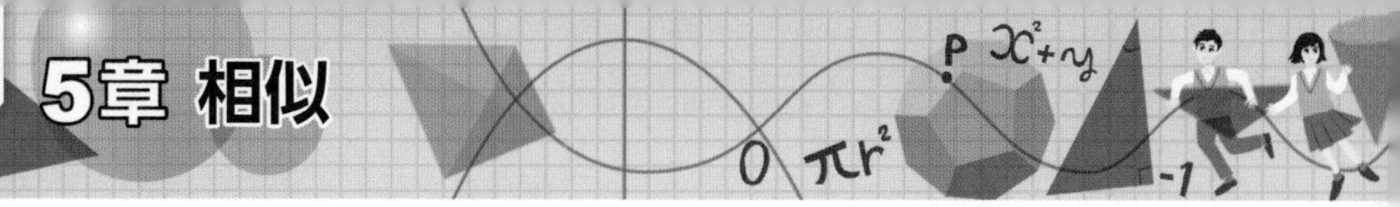

1節 相似な図形 (1)

さらっとまとめ （赤シートを使って，□に入るものを考えよう。）

1 相似な図形の性質　教 p.130〜p.136

・四角形 ABCD と四角形 EFGH が相似であることを，記号を使って，
四角形 ABCD ∽ 四角形 EFGH と表す。

・相似な図形では，対応する線分の長さの 比 はすべて等しく，対応する 角 の大きさ
はそれぞれ等しい。また，対応する線分の長さの比を 相似比 という。

・右の図のように，2つの図形の対応する頂点を結んだ直線が
1点Oで交わり，Oから対応する点までの距離の比がすべて
等しいとき，2つの図形は相似になる。また，2つの図形を
相似の位置 にあるといい，点Oを 相似の中心 という。

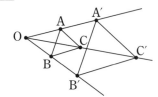

2 三角形の相似条件　教 p.137〜p.140

・ 3組の辺の比 がすべて等しい。

・ 2組の辺の比 と その間の角 がそれぞれ等しい。

・ 2組の角 がそれぞれ等しい。

スピード確認 （□に入るものを答えよう。答えは，下にあります。）

1

□ 図1で，△ABC と △PQR は相似で
ある。このことを記号を使って表すと，
△ABC ① △PQR
このとき，△ABC と △PQR の相似
比は ② ： ③ ，また，∠Q= ④ °

図1

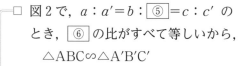

① ___
② ___
③ ___
④ ___

2

□ 図2で，$a : a' = b : ⑤ = c : c'$ の
とき， ⑥ の比がすべて等しいから，
△ABC∽△A′B′C′

図2

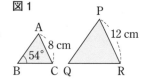

⑤ ___
⑥ ___
⑦ ___

□ 図3で，$a : a' = c : c'$，∠B= ⑦ の
とき， ⑧ の比とその間の ⑨ がそれ
ぞれ等しいから，△ABC∽△A′B′C′

図3

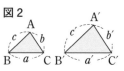

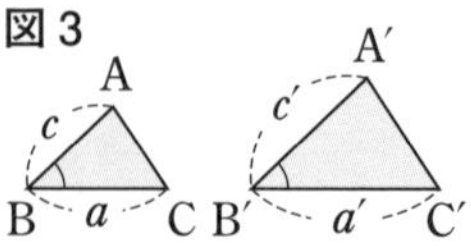

⑧ ___
⑨ ___

□ 図4で，∠B=∠B′，∠C= ⑩ の
とき， ⑪ がそれぞれ等しいから，
△ABC∽△A′B′C′

図4

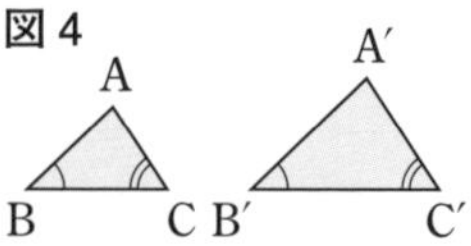

⑩ ___
⑪ ___

答　①∽　②2　③3　④54　⑤b′　⑥3組の辺　⑦∠B′　⑧2組の辺　⑨角　⑩∠C′　⑪2組の角

解答 p.9

1 相似な図形の性質　右の図において，四角形 ABCD∽四角形 EFGH とします。

(1)　四角形 ABCD と四角形 EFGH の相似比を求めなさい。

(2)　辺 BC，辺 EF の長さを求めなさい。

(3)　∠C，∠F，∠H の大きさを求めなさい。

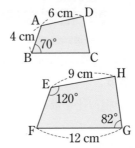

ポイント

相似比は，対応する辺の長さの比である。相似比はもっとも簡単な整数の比で表す。

思い出そう！

$a:b=c:d$ ならば，$ad=bc$

2 相似の位置　次の図に，点Oを相似の中心として，△ABC を2倍に拡大した △A′B′C′ をかきなさい。

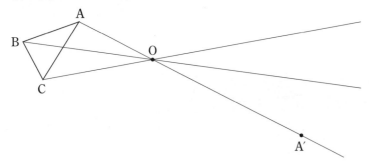

2 OA′＝2OA
OB′＝2OB
OC′＝2OC
となる点 A′, B′, C′ をとってかく。

絶対に覚える！

■三角形の相似条件
① 3組の辺の比がすべて等しい。
② 2組の辺の比とその間の角がそれぞれ等しい。
③ 2組の角がそれぞれ等しい。

3 三角形の相似条件　右の図において，次の問いに答えなさい。

(1)　相似な三角形を，記号∽を使って表しなさい。

(2)　そのときに使った相似条件をいいなさい。

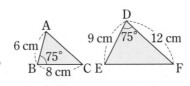

三角形の対応する頂点の順に注意すること。

4 三角形の相似条件　右の図の △ABC において，Dは辺 AB 上，Eは辺 AC 上の点で，∠ABC＝∠AED です。

(1)　△ABC∽△AED となることを証明しなさい。

(2)　線分 DE の長さを求めなさい。

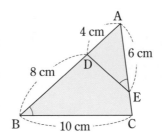

ミス注意！

証明するときは，対応する頂点をまちがえないように気をつけよう！

テストに出る！

予想問題 ①

5章 相似
1節 相似な図形 (1)

⏱ 20分

/11問中

1 🔍よく出る　相似な図形の性質　右の図において，
△ABC∽△DEF とします。

(1)　△ABC と △DEF の相似比を求めなさい。

(2)　辺 AC の長さを求めなさい。

(3)　∠D の大きさを求めなさい。

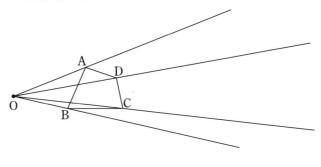

2 相似の位置　次のような四角形を，下の図にかき入れなさい。

(1)　点Oを相似の中心として，四角
形 ABCD を2倍に拡大した四角
形 EFGH

(2)　点Oを相似の中心として，四角
形 ABCD を $\frac{1}{2}$ に縮小した四角
形 IJKL

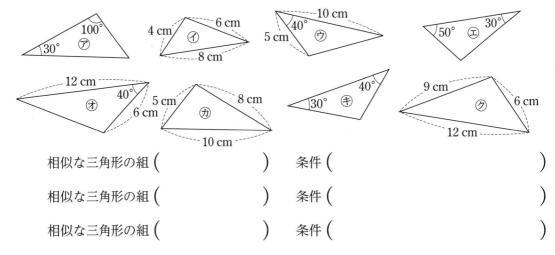

3 三角形の相似条件　下の図の⑦〜⑨から，相似な三角形の組を選びなさい。また，そのと
きに使った相似条件をいいなさい。

相似な三角形の組 (　　　　)　　条件 (　　　　　　　　　)

相似な三角形の組 (　　　　)　　条件 (　　　　　　　　　)

相似な三角形の組 (　　　　)　　条件 (　　　　　　　　　)

2 (1)　例えば点Aに対応する点Eは，OE＝2OA となる点である。
3 三角形の2つの角度がわかっているとき，残りの角度も求めておく。

テストに出る!

予想問題 ❷

5章 相似
1節 相似な図形 (1)

🕐20分

/10問中

1 三角形の相似条件　下のそれぞれの図で，相似な三角形を，記号∽を使って表しなさい。
また，そのときに使った相似条件をいいなさい。

(1)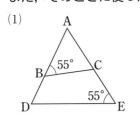

(2)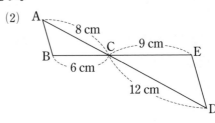

（　　　　　　　　　）　　　（　　　　　　　　　　）

条件（　　　　　　　　　）　　条件（　　　　　　　　　　）

2 ♀よく出る　相似な三角形　右の図の ∠C＝90° の直角
三角形 ABC で，点Cから辺 AB に垂線 CD をひきます。

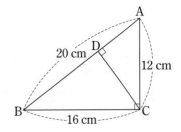

(1)　△ABC∽△CBD となることを証明しなさい。

(2)　線分 CD の長さを求めなさい。

(3)　△CBD∽△ACD となることを証明しなさい。

(4)　線分 AD の長さを求めなさい。

3 相似な三角形　右の図の △ABC において，Dは辺 AC 上，E
は辺 AB 上の点で，∠BDC＝∠BEC，AE＝BE です。

(1)　△ABD∽△ACE となることを証明しなさい。

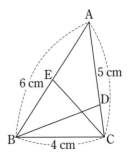

(2)　線分 AD の長さを求めなさい。

成績 U・P ナビ

2 (4)　△ABC∽△ACD から，求めることもできる。

3 (1)　∠BDC＝∠BEC より，∠ADB＝∠AEC となる。

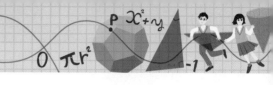

1節 相似な図形 (2)

テストに出る！ **教科書の ココ が 要点**

📘 **さらっとまとめ**（赤シートを使って，□に入るものを考えよう。）

1 相似な図形の面積の比　教 p.141〜p.143

・2つの相似な図形の相似比が $m : n$ であるとき，

周の長さの比は，$m : \boxed{n}$

面積の比は，$m^2 : \boxed{n^2}$

2 相似な立体とその性質　教 p.144〜p.145

・1つの立体を一定の割合で拡大したり，縮小したりした

立体は，もとの立体と $\boxed{相似}$ である。

・相似な立体で，対応する線分の長さの比を $\boxed{相似比}$ という。

・2つの相似な立体の相似比が $m : n$ であるとき，

表面積の比は，$\boxed{m^2} : n^2$

体積の比は，$m^3 : \boxed{n^3}$

☑ **スピード確認**（□に入るものを答えよう。答えは，下にあります。）

1
□ 図1で，△ABC∽△PQR のとき，相似比は，$15 : 25 = \boxed{①} : \boxed{②}$ であるから，△ABC と △PQR の周の長さの比は，$\boxed{③} : \boxed{④}$ である。

このとき，△ABC と △PQR の面積の比は，$\boxed{⑤} : \boxed{⑥}$ である。

2
□ 図2で，2つの立方体PとQの相似比は，$8 : 10 = \boxed{⑦} : \boxed{⑧}$ である。

このとき，2つの立方体PとQの表面積の比は，$\boxed{⑨} : \boxed{⑩}$ である。

また，2つの立方体PとQの体積の比は，$\boxed{⑪} : \boxed{⑫}$ である。

★相似な立体の表面積の比は相似比の2乗に等しく，体積の比は相似比の3乗に等しい。

図1

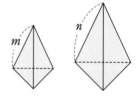

15 cm
25 cm

（∠B＝∠Q，∠C＝∠R＝90°）

図2

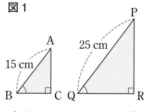

8 cm
10 cm
P　Q

① _____
② _____
③ _____
④ _____
⑤ _____
⑥ _____
⑦ _____
⑧ _____
⑨ _____
⑩ _____
⑪ _____
⑫ _____

答　①3　②5　③3　④5　⑤9　⑥25　⑦4　⑧5　⑨16　⑩25　⑪64　⑫125

基礎力UP テスト対策問題

1 相似な図形の面積の比

右の図の2つの円 P，Q について，
次のものを求めなさい。

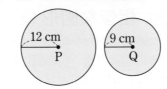

(1) 円Pと円Qの周の長さの比

(2) 円Pと円Qの面積の比

2 相似な図形の面積の比

右の図で，△ABC∽△DEF です。

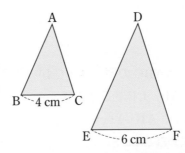

(1) △ABC の周の長さが 14 cm の
とき，△DEF の周の長さを求め
なさい。

(2) △DEF の面積が 27 cm² のとき，△ABC の面積を求めなさい。

3 相似な立体とその性質　半径が 3 cm の球 O と半径が 4 cm の球
P について，次のものを求めなさい。

(1) 球Oと球Pの表面積の比

(2) 球Oと球Pの体積の比

4 相似な立体とその性質

右の図で，直方体 P と直方体 Q は相似です。

(1) 直方体 Q の表面積が 208 cm² のとき，
直方体 P の表面積を求めなさい。

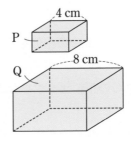

(2) 直方体 P の体積が 48 cm³ のとき，
直方体 Q の体積を求めなさい。

テスト対策ナビ

1 半径がどんな長さ
であっても，2つの
円は相似である。

絶対に覚える！

■2つの平面図形の
相似比が $m:n$ の
とき，
周の長さの比
　　　…$m:n$
面積の比…$m^2:n^2$

周の長さの比は
相似比と同じだ
ね。

3 半径がどんな長さ
であっても，2つの
球は相似である。

絶対に覚える！

■2つの立体の相似
比が $m:n$ のとき，
表面積の比…$m^2:n^2$
体積の比…$m^3:n^3$

2 や **4** のように，相
似比と一方の面積や
体積だけが与えられ
て，他方の面積や体
積を求める問題はよ
く出題されるので注
意しよう。

テストに出る！

予想問題

5章 相似
1節 相似な図形 (2)

⏱ 20分

／8問中

1 ♀**よく出る**　相似な図形の面積の比　右の図において，
四角形 ABCD∽四角形 EFGH です。

(1)　四角形 ABCD と四角形 EFGH の周の長さの比を
　　求めなさい。

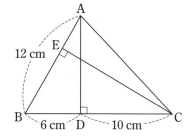

(2)　四角形 ABCD の面積が 150 cm² のとき，四角形
　　EFGH の面積を求めなさい。

2 三角形の面積の比　△ABC の頂点 A，C からそれぞ
れ辺 BC，AB へ垂線 AD，CE をひきます。
BD＝6 cm，DC＝10 cm，AB＝12 cm であるとき，次の
三角形の面積の比を求めなさい。

(1)　△ABD：△ACD

(2)　△ABD：△CBE

3 相似な立体とその性質　半径が 2 cm である球の表面積を S cm²，体積を V cm³ とし，半
径が 5 cm である球の表面積を S' cm²，体積を V' cm³ とします。

(1)　$S：S'$ を求めなさい。

(2)　$V：V'$ を求めなさい。

4 相似な立体とその性質　2 つの相似な三角柱 P，Q があり，その表面積の比は 9：16 で
す。

(1)　三角柱Ｐと三角柱Ｑの相似比を求めなさい。

(2)　三角柱Ｐの体積が 135 cm³ のとき，三角柱Ｑの体積を求めなさい。

2 (2)　△ABD∽△CBE で，その相似比は，AB：CB である。
4 (1)　ＰとＱの相似比は，$\sqrt{9}：\sqrt{16}$ である。

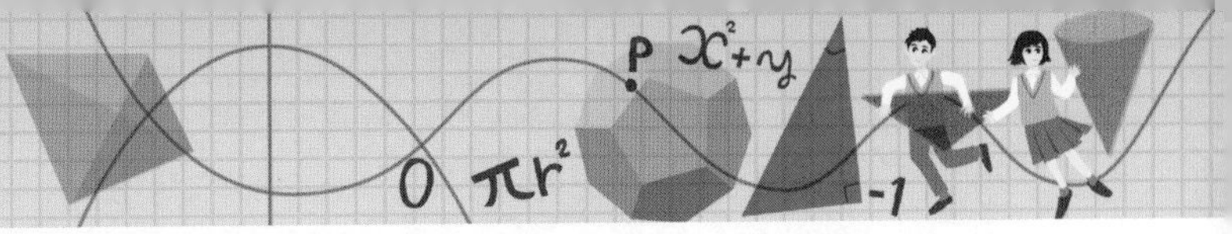

5章 相似

2節 平行線と線分の比　3節 相似の利用

テストに出る！ **教科書の ココ が 要点**

さらっとまとめ（赤シートを使って，□に入るものを考えよう。）

1 三角形と比　**教** p.147〜p.151

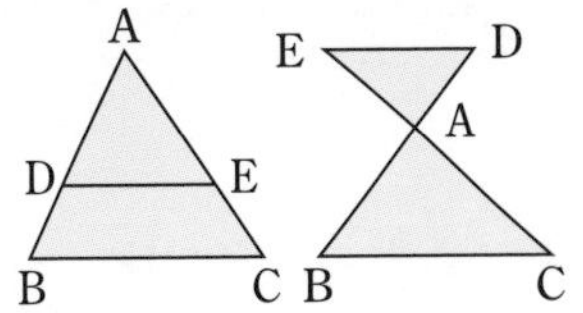

・図1で，DE∥BC ならば，

　AD：AB＝ AE ：AC＝ DE ：BC

　AD：DB＝AE： EC

図1

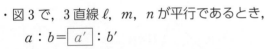

・図1で，AD：AB＝AE：AC または AD：DB＝AE：EC ならば，DE∥ BC

2 中点連結定理，平行線と線分の比　**教** p.152〜p.157

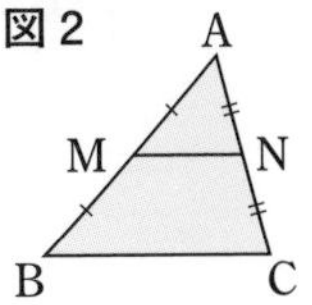

・図2で，△ABC の辺 AB，AC の中点を，それぞれ M，N とすると，

　MN ∥ BC，MN ＝ $\frac{1}{2}$BC

図2

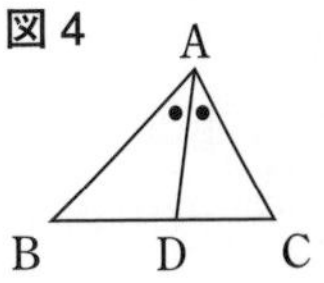

・図3で，3直線 ℓ，m，n が平行であるとき，

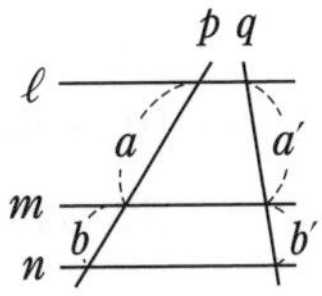

　$a:b=$ a' $:b'$

図3　図4

・図4で，∠A の二等分線と辺 BC の交点をDと

　すると，AB：AC＝BD： DC

3 相似の利用　**教** p.159〜p.163

・直接には測定できない距離や高さは， 縮図 を利用して求めることができる。

スピード確認（□に入るものを答えよう。答えは，下にあります。）

1

□ 図1で，5：15＝x：① より，x＝②

□ 図1で，5：③ ＝y：18 より，y＝④

図1　　（DE∥BC）

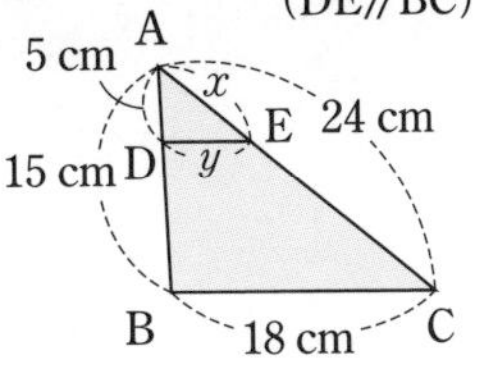

5 cm A
x
E 24 cm
15 cm D y
B 18 cm C

① _____

② _____

③ _____

④ _____

2

□ 図2で，点 M，N がそれぞれ辺 AB，

　AC の中点であるとき， ⑤ 定理より，

　MN ⑥ BC，MN＝$\frac{1}{2}$BC＝ ⑦ cm

★MN は BC に平行で，長さは BC の半分である。

図2

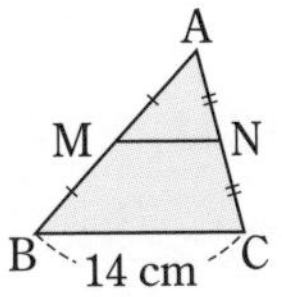

A
M　N
B 14 cm C

⑤ _____

⑥ _____

⑦ _____

□ 図3で，直線 ℓ，m，n が平行であるとき，

　10：⑧ ＝x：4 より，x＝⑨

図3

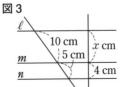

⑧ _____

⑨ _____

基礎力UP テスト対策問題

1 三角形と線分の比　次の図において，DE∥BC のとき，x, y の値を求めなさい。

(1)

(2)

(3)

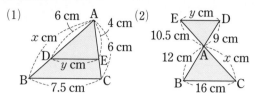

2 三角形と線分の比　右の図において，線分 DE, EF, FD のうち，△ABC の辺に平行なものはどれですか。

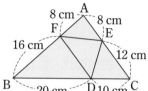

3 中点連結定理　右の図において，点 D, E, F はそれぞれ △ABC の辺 BC, CA, AB の中点です。△DEF の周の長さを求めなさい。

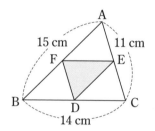

4 平行線と線分の比　次の図において，3 直線 ℓ, m, n が平行であるとき，x の値を求めなさい。

(1)

(2)

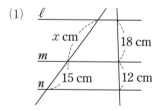

5 縮図の利用　右の図2は，図1で示された3地点 A, B, C について，500 分の 1 の縮図をかいたものであり，縮図における A′B′ の長さは 7 cm です。実際の 2 地点 A, B 間の距離は何 m か求めなさい。

図1　　　図2

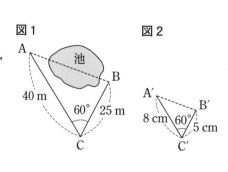

テスト対策ナビ

思い出そう！

$a:b=c:d$ ならば，$ad=bc$

絶対に覚える！

■三角形と比

$a:b=c:d$

$a:e=c:f$

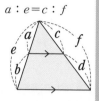

3 中点連結定理を使って，DE, EF, FD の長さを求める。

絶対に覚える！

■平行線と線分の比

$a:b=a′:b′$

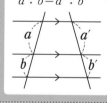

5 図2は500分の1の縮図だから，実際のA, B間の距離はA′B′の長さの500倍になる。また，cmをmになおさなければならないことに注意する。

テストに出る！
予想問題

5章 相似
2節 平行線と線分の比　3節 相似の利用

⏱20分

/13問中

1 🔍よく出る　三角形と線分の比　次の図で，DE∥BC のとき，x，y の値を求めなさい。

(1)

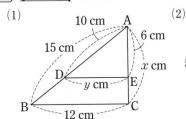

(2)

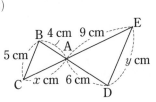

(3)

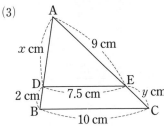

2 三角形と線分の比　右の図で，線分 AB，DC，EF は平行です。

(1) BE：ED を求めなさい。

(2) 線分 EF の長さを求めなさい。

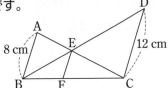

3 中点連結定理の利用　右の図のように，四角形 ABCD の辺 AD，BC，および対角線 BD，AC の中点をそれぞれ E，F，G，H とします。このとき，四角形 EGFH はどのような四角形になるか説明しなさい。

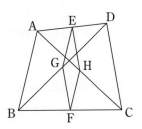

4 平行線・角の二等分線と線分の比　次の図において，x の値を求めなさい。

(1)

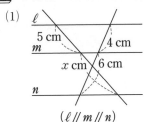

(ℓ∥m∥n)

(2)

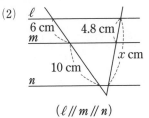

(ℓ∥m∥n)

(3)

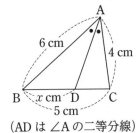

(AD は ∠A の二等分線)

5 相似の利用　右の図のように中心が同じ円があり，外側の円の半径は25 cm，内側の円の半径は 10 cm です。図のアの部分を赤色に，イの部分を青色に塗ると，青色の部分の面積は，赤色の部分の面積の何倍になりますか。

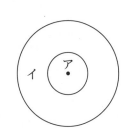

成績UPナビ

2 (1) BE：ED＝AB：DC
5 イの部分の面積は，大きい円の面積から小さい円の面積をひいたものになる。

43

章末予想問題　5章 相似

① 30分

/100点

1 次の図において，x の値を求めなさい。　6点×3〔18点〕

(1)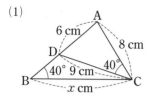

(2)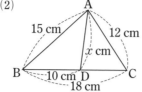

(3)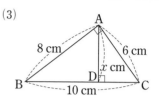

2 差がつく　右の図において，△ABC と △ADE は正三角形で，AB＝10 cm，AD＝9 cm，BD＜DC です。また，辺 AC と辺 DE の交点をFとします。　8点×3〔24点〕

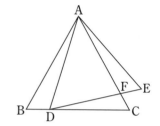

(1) △ABD∽△AEF となることを証明しなさい。

(2) 線分 CF の長さを求めなさい。

(3) 線分 BD の長さを求めなさい。

3 右の図の △ABC で，D，E は辺 AB を3等分した点，F は AC の中点です。また，G は辺 BC と線分 DF の延長の交点です。DF＝3 cm のとき，線分 FG の長さを求めなさい。　〔10点〕

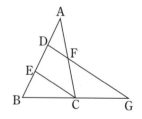

4 次の図で，線分 AD，BC，EF が平行であるとき，x の値を求めなさい。　6点×2〔12点〕

(1)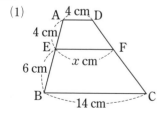

(2)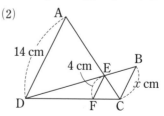

5 △ABC の ∠A の二等分線と辺 BC との交点を D，点Cを通り，AD に平行な直線と BA の延長との交点をEとするとき，AB：AC＝BD：DC となります。このことを証明しなさい。

〔10点〕

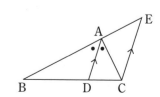

1節 円(1)

📖 さらっとまとめ （赤シートを使って，□に入るものを考えよう。）

1 円周角の定理 📘 p.170〜p.174

・1つの弧に対する円周角の大きさは，その弧に対する中心角の大きさ
の 半分 であり，同じ弧に対する円周角の大きさは 等しい 。

・右の図1で，∠APB＝$\frac{1}{2}$ ∠AOB ，∠APB＝ ∠AP′B 。

・右の図2で，半円の弧に対する円周角の大きさは 90° である。

2 円周角と弧 📘 p.175

・1つの円において，等しい円周角に対する 弧 の長さは等しい。

・1つの円において，長さの等しい弧に対する 円周角 は等しい。

3 円周角の定理の逆 📘 p.176〜p.179

・右の図3のように，2点C，Pが直線ABについて同じ側にあるとき，
∠APB＝ ∠ACB ならば，4点A，B，C，Pは1つの 円周 上にある。

図1

図2

図3

✅ スピード確認 （□に入るものを答えよう。答えは，下にあります。）

□ 図1で，∠AP′B＝ ① °，
　∠AOB＝ ② °

図1
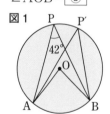

1

□ 図2で，∠APB＝ ③ °，
　∠PBA＝180°−(④ °＋55°)
　　　　＝ ⑤ °

図2
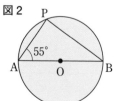

□ 図3で，$\overparen{AB}=\overparen{CD}$ ならば，
　∠CQD＝ ⑥ °

図3
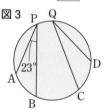

2

□ 図4で，∠APB＝ ⑦ ＝60°
　より，4点A，B，P，Q
　は ⑧ の円周上にある。

図4
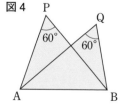

3

① _____

② _____

③ _____

④ _____

⑤ _____

⑥ _____

⑦ _____

⑧ _____

基礎力UP テスト対策問題

1 円周角の定理 次の図において，∠x の大きさを求めなさい。

(1)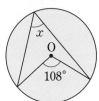

(2)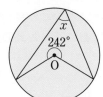

(3)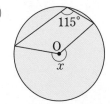

(4)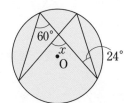

2 直径と円周角 次の図において，∠x の大きさを求めなさい。

(1)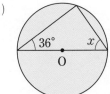

(2)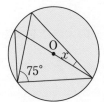

3 円周角と弧 右の図で，$\overparen{AB}=\overparen{CD}$ です。

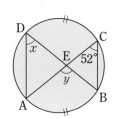

(1) ∠x の大きさを求めなさい。

(2) ∠y の大きさを求めなさい。

4 円周角の定理の逆 次の㋐〜㋒のうち，4 点 A, B, C, D が 1 つの円周上にあるものをすべて選び，記号で答えなさい。

㋐ ㋑ ㋒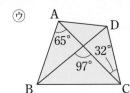

47

テストに出る！
予想問題

6章 円
1節 円(1)

🕐20分

/14問中

1 🔎**よく出る**　円周角の定理　次の図において，∠x の大きさを求めなさい。

(1)
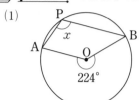

(2)
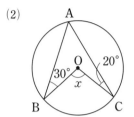

(3)
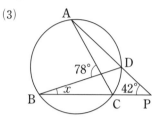

2 直径と円周角　次の図において，∠x の大きさを求めなさい。

(1)
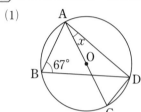

(2)
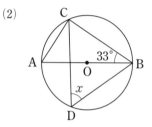

(3)
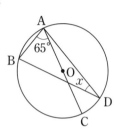

3 円周角と弧　次の図において，∠x の大きさを求めなさい。

(1)
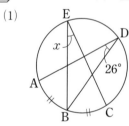

(2)
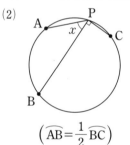

$$\left(\overset{\frown}{AB} = \frac{1}{2}\overset{\frown}{BC}\right)$$

(3)
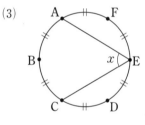

4 円周角の定理の逆　次の①〜③にあてはまる不等号か等号を
答えなさい。

点Pが円周上にあるとき，∠APB ① ∠a

点Pが円の外部にあるとき，∠APB ② ∠a

点Pが円の内部にあるとき，∠APB ③ ∠a

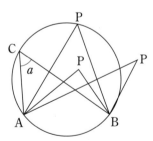

5 円周角の定理の逆　右の図について，次の問いに答えなさい。

(1) ∠x の大きさを求めなさい。

(2) ∠y の大きさを求めなさい。

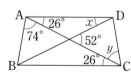

1 (3)　∠ACB，∠ADB をそれぞれ x の式で表し，これらが等しいことに着目する。
3 (3)　まず，$\overset{\frown}{AC}$ に対する中心角がどうなるかを考える。

1節 円(2)

さらっとまとめ（赤シートを使って，□に入るものを考えよう。）

1 円の接線　教 p.180〜p.181

・円の接線は，接点を通る半径に □垂直 である。

つまり，図1で， □OA ⊥PA

・円の外部の点からその円にひいた2つの接線の長さは □等しい 。

つまり，図1で， PA= □PB

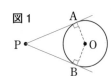

図1

2 相似な三角形と円　教 p.182〜p.183

・円周角の定理を活用したり，図形の性質に着目したりして，等しい角を探し出し，相似な三角形を見つける。

・図2で，△ABE∽△DCE であることは，次のように証明できる。

△ABE と △DCE において，

対頂角は等しいから，　　　　　　∠BEA＝∠ □CED

円周角の定理により，　　　　　　∠ □ABE ＝∠DCE

2組の角がそれぞれ等しいから，　△ABE∽△DCE

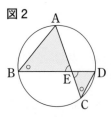

図2

スピード確認（□に入るものを答えよう。答えは，下にあります。）

1

□ 図1で，PA＝5 cm のとき，
PB＝ □① cm となる。

図1で，∠PAO＝ □② ＝90° である。
このことから，2点 A，B は線分 □③ を
直径とする円の周上にあることがわかる。

★「半円の弧に対する円周角は90°である。」の逆も成り立つ。

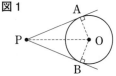

図1

2

□ 図2で，△PAD と △PCB において，
BD に対する円周角は等しいから，

∠PAD＝ □④ ……⑦

□⑤ だから，

∠DPA＝∠BPC ……⑦

⑦，⑦より， □⑥ がそれぞれ等しいから，

△PAD □⑦ △PCB

よって，PA：PC＝PD： □⑧

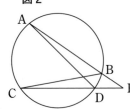

図2

① _____

② _____

③ _____

④ _____

⑤ _____

⑥ _____

⑦ _____

⑧ _____

答 ①5　②∠PBO　③PO　④∠PCB　⑤共通な角　⑥2組の角　⑦∽　⑧PB

基礎力UP テスト対策問題

テスト対策★ナビ

1 円の接線の長さ　右の図において，直線 PA，PB はともに円Oの接線です。このとき，PA＝PB であることを証明しなさい。

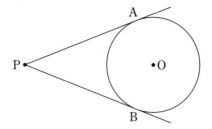

絶対に覚える!

円の外部の点からその円にひいた 2 つの接線の長さは等しい。このことは，証明だけでなく，いろいろな問題で利用されるので覚えておこう。

2 円の接線の作図　右の図において，次のものを作図しなさい。

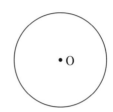

(1) 線分 AO の垂直二等分線と線分 AO との交点 O′

(2) 点 O′ を中心とし，AO′ を半径とする円 O′

(3) 点Aから円Oにひいた接線

思い出そう!

垂直二等分線の作図

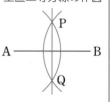

① A，B を中心とし，等しい半径の円をそれぞれかく。
② ①でかいた 2 つの円の交点を P，Q とし，直線 PQ をひく。

3 相似な三角形と円　右の図のように，2 つの弦 AB，CD の交点をPとします。このとき，△ACP∽△DBP であることを証明しなさい。

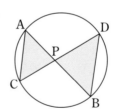

ポイント

円が関係する相似の証明では，「2 組の角がそれぞれ等しい」が使われる場合が圧倒的に多い。

4 相似な三角形と円　右の図において，A，B，C は円周上の点です。∠BAC の二等分線をひき，弦 BC および円との交点をそれぞれ D，E とします。このとき，△ABE∽△BDE であることを証明しなさい。

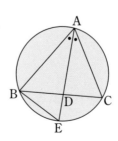

テストに出る！

予想問題

6章 円
1節 円(2)

⏱ 20分

/7問中

1 円の接線　次の図において，直線 PA，PB はともに円Oの接線です。∠x の大きさを求めなさい。

(1)　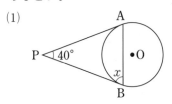

(2)　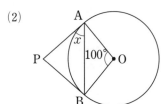

(3)　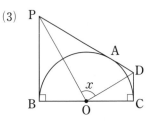

2 🔍よく出る　相似な三角形と円　右の図について，次の問いに答えなさい。

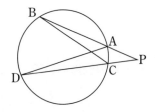

(1)　△PAD∽△PCB であることを証明しなさい。

(2)　PA＝6 cm，PB＝20 cm，PC＝5 cm のとき，線分 CD の長さを求めなさい。

3 相似な三角形と円　右の図において，4点 A，B，C，D は円Oの周上にあり，△ABC は直角二等辺三角形です。いま，BD 上に BE＝CD となるような点Eをとります。

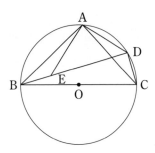

(1)　△ABE≡△ACD であることを証明しなさい。

(2)　$\overparen{AC}＝3\overparen{CD}$ のとき，∠CAE の大きさを求めなさい。

1 (3)　OとAを結び，△PBO≡△PAO，△DCO≡△DAO となることに着目する。

2 (2)　(1)を利用して，まず PD の長さを求める。

テストに出る！

章末予想問題　6章 円

⏱30分

/100点

1 次の図において，∠x の大きさを求めなさい。　　　　　　5点×6〔30点〕

(1)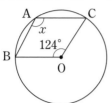

(2)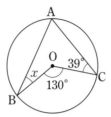

(3)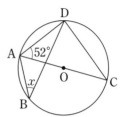

(4)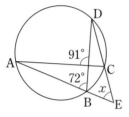

(5)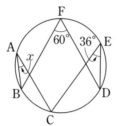

(6)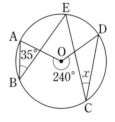

2 次の図において，∠x，∠y の大きさをそれぞれ求めなさい。　　5点×4〔20点〕

(1)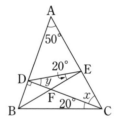
（A〜H は円周を8等分する点）

(2)

3 右の図のように，□ABCD の紙を対角線 BD で折ります。点Cが移った点をPとします。このとき，∠ABP＝∠ADP であることを円周角の定理を使って，証明しなさい。〔9点〕

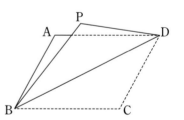

4 半径8cm の円Oの周上に，右の図のように点 A，B，C，D があります。　　　5点×2〔10点〕

(1) ∠AOB の大きさを求めなさい。

(2) ⌢AB の長さを求めなさい。

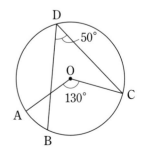

満点ゲット作戦

円周角の定理や等しい弧，半円の弧に対する円周角に注目しよう。
三角形の相似の証明問題では，等しい 2 組の角に着目しよう。

5 次の図において，x の値を求めなさい。　　　　　　　　　　5点×3〔15点〕

(1)　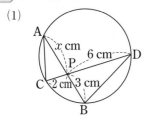

(2)　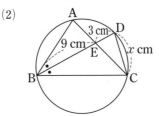

(3)　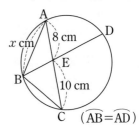

6　差がつく　右の図において，A，B，C，D は円の周上の点
で，AB＝AC です。AD と BC の延長の交点を E とします。

8点×2〔16点〕

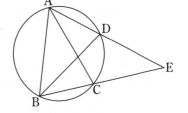

(1)　△ADB∽△ABE であることを証明しなさい。

(2)　AD＝4 cm，AE＝9 cm のとき，線分 AB の長さを求め
なさい。

	(1)	(2)	(3)
1			
	(4)	(5)	(6)
2	(1) ∠x＝　　　　∠y＝		(2) ∠x＝　　　　∠y＝
3			
4	(1)	(2)	
5	(1)	(2)	(3)
6	(1)		
		(2)	

1節 三平方の定理

テストに出る！ 教科書の **ココ**が**要点**

📖 さらっとまとめ （赤シートを使って，□に入るものを考えよう。）

1 三平方の定理 📕 p.192〜p.196

・直角三角形の直角をはさむ2辺の長さを a，b，斜辺の長さを c とすると，$a^2+b^2=\boxed{c^2}$ ……①

・上の①を，$BC^2+CA^2=\boxed{AB^2}$ と表すこともある。

参考 三平方の定理は，ギリシャの数学者ピタゴラスにちなんで，「ピタゴラスの定理」ともよばれる。

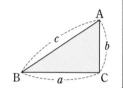

2 三平方の定理の逆 📕 p.197〜p.198

・3辺の長さが a，b，c である三角形において，$a^2+b^2=c^2$ が成り立つならば，その三角形は，長さ $\boxed{c}$ の辺を斜辺とする $\boxed{直角}$ 三角形である。

✓ スピード確認 （□に入るものを答えよう。答えは，下にあります。）

1

□ 図1の直角三角形で，三平方の定理により
$3^2+2^2=x^2$　$x^2=\boxed{①}$
$x>0$ であるから，$x=\boxed{②}$

図1
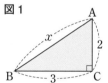

① _____
② _____
③ _____

□ 図2の直角三角形で，三平方の定理により
$x^2+5^2=11^2$　$x^2=\boxed{③}$
$x>0$ であるから，$x=\boxed{④}$

図2
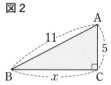

④ _____
⑤ _____
⑥ _____

□ 図3の直角三角形で，三平方の定理により
$5^2+x^2=(\sqrt{35})^2$　$x^2=\boxed{⑤}$
$x>0$ であるから，$x=\boxed{⑥}$

★三平方の定理を使うときは，どこが斜辺かを確認する。

図3
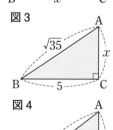

⑦ _____
⑧ _____
⑨ _____

2

□ 図4の三角形で，$a=12$，$b=9$，$c=15$ ならば，$a^2+b^2=12^2+9^2=\boxed{⑦}$，$c^2=\boxed{⑧}$ より，$a^2+b^2=\boxed{⑨}$ が成り立つから，△ABC は $\boxed{⑩}$ 三角形である。

図4
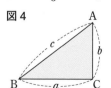

⑩ _____

答 ①13 ②$\sqrt{13}$ ③96 ④$4\sqrt{6}$ ⑤10 ⑥$\sqrt{10}$ ⑦225 ⑧225 ⑨c^2 ⑩直角

基礎力UP テスト対策問題

1 三平方の定理　次の直角三角形において，x の値を求めなさい。

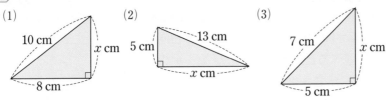

(1) 10 cm　x cm　8 cm

(2) 5 cm　13 cm　x cm

(3) 7 cm　x cm　5 cm

(4) x cm　6 cm　6 cm

(5) x cm　8 cm　17 cm

(6) 10 cm　x cm　8 cm

2 三平方の定理　右の図の三角形について，次の問いに答えなさい。

(1) 垂線 AD の長さを求めなさい。

(2) 辺 AB の長さを求めなさい。

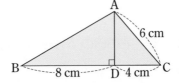

A　6 cm　B　8 cm　D　4 cm　C

3 三平方の定理の逆　3辺の長さが，次のような三角形があります。この中から，直角三角形をすべて選び記号で答えなさい。

㋐　4 cm，8 cm，9 cm

㋑　12 cm，16 cm，20 cm

㋒　$\sqrt{3}$ cm，$\sqrt{7}$ cm，$\sqrt{10}$ cm

㋓　5.8 cm，4.2 cm，4 cm

㋔　6 cm，$\sqrt{10}$ cm，$3\sqrt{3}$ cm

㋕　$3\sqrt{2}$ cm，$6\sqrt{2}$ cm，$3\sqrt{6}$ cm

4 三平方の定理の逆　右の図の △ABC で，∠B＝90° であることを証明しなさい。

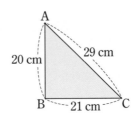

A　29 cm　20 cm　B　21 cm　C

7章 三平方の定理
1節 三平方の定理

⏱20分

/10問中

1 三平方の定理の証明　∠C＝90° の直角三角形 ABC と合同な直角三角形を右の図のように並べると，外側に1辺が $a+b$ の正方形，内側に1辺が c の正方形ができます。このとき，$a^2+b^2=c^2$ が成り立つことを，次のように証明します。下の空らんをうめなさい。

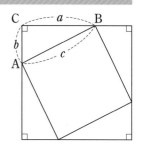

[証明]　AB を1辺とする内側の正方形の面積は，

　（内側の正方形の面積）＝（外側の正方形の面積）−4×△ABC

$$= \boxed{①} -4\times \boxed{②} = \boxed{③}$$

また，内側の正方形の1辺は c であるから，（内側の正方形の面積）＝$\boxed{④}$

したがって，$a^2+b^2=\boxed{④}$

2 🔍よく出る　三平方の定理　右の図の △ABC について，次の問いに答えなさい。

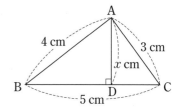

(1)　BD＝a cm として，x^2 を a を使って2通りの式で表しなさい。

(2)　a の値を求めなさい。

(3)　x の値を求めなさい。

3 三平方の定理　3辺の長さが x cm，$(x+1)$ cm，$(x+2)$ cm で表される直角三角形があります。このとき，正の数 x の値を求めなさい。

4 三平方の定理の逆　右の図の四角形 ABCD について，次の問いに答えなさい。

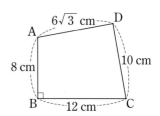

(1)　∠ADC＝90° であることを証明しなさい。

(2)　四角形 ABCD の面積を求めなさい。

2 (1)　△ABD，△ACD のそれぞれについて，三平方の定理を用いる。
4 (1)　まず，対角線 AC をひき，△ABC で三平方の定理を用いて AC² を求める。

2節 三平方の定理の利用

テストに出る！ 教科書の **ココ**が**要点**

📖 **さらっとまとめ** (赤シートを使って，□に入るものを考えよう。)

1 平面図形への利用 📗 p.200〜p.206

・縦，横の長さがそれぞれ a，b である長方形において，
その対角線の長さは $\boxed{\sqrt{a^2+b^2}}$

・1辺が a である正方形の対角線の長さは $\boxed{\sqrt{2}\,a}$

・図1の直角三角形で，AB：BC：CA＝1：$\boxed{1}$：$\boxed{\sqrt{2}}$

・図2の直角三角形で，AB：BC：CA＝1：$\boxed{\sqrt{3}}$：$\boxed{2}$

・円の弦や接線に関する問題では，それぞれ図3で示した
直角三角形に着目する。

・図4において，2点 A(a，b)，B(c，d) 間の距離は，
$$AB=\sqrt{(a-c)^2+(\boxed{b-d})^2}$$

2 空間図形への利用 📗 p.207〜p.210

・縦，横，高さがそれぞれ a，b，c である直方体の対角線の長さは $\boxed{\sqrt{a^2+b^2+c^2}}$

・1辺が a である立方体の対角線の長さは $\boxed{\sqrt{3}\,a}$

・図形の問題では，適当な補助線をひいて直角三角形をつくり，三平方の定理を利用する。

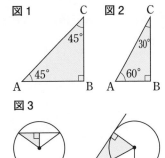

✔ **スピード確認** (□に入るものを答えよう。答えは，下にあります。)

1

□ 縦 2 cm，横 5 cm の長方形の対角線の長さは $\boxed{①}$ cm
　① ＿＿＿＿

□ 1辺が 4 cm の正方形の対角線の長さは $\boxed{②}$ cm
　② ＿＿＿＿

　③ ＿＿＿＿

□ 図1で，$x=\boxed{③}$，$y=\boxed{④}$
　④ ＿＿＿＿

□ 図2において，△OAH に着目すると，
AH＝$\boxed{⑤}$ cm より，AB＝2AH＝$\boxed{⑥}$ cm
　⑤ ＿＿＿＿

　⑥ ＿＿＿＿

□ 2点 (1，−1)，(4，4) 間の距離は $\boxed{⑦}$
　⑦ ＿＿＿＿

★2点間の距離は，$\sqrt{(x座標の差)^2+(y座標の差)^2}$

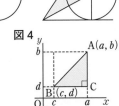

2

□ 縦 3 cm，横 6 cm，高さ 2 cm の直方体の対角線の長さは $\boxed{⑧}$ cm
　⑧ ＿＿＿＿

□ 1辺が 2 cm の立方体の対角線の長さは $\boxed{⑨}$ cm
　⑨ ＿＿＿＿

答▶ ①$\sqrt{29}$ ②$4\sqrt{2}$ ③$5\sqrt{2}$ ④$3\sqrt{3}$ ⑤8 ⑥16 ⑦$\sqrt{34}$ ⑧7 ⑨$2\sqrt{3}$

基礎力UP テスト対策問題

1 対角線の長さ　次の図形の対角線の長さを求めなさい。

(1) 縦が 4 cm，横が 8 cm の長方形

(2) 1 辺が 6 cm の正方形

2 特別な直角三角形　次の図において，x，y の値を求めなさい。

(1)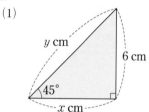

(2)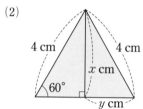

3 三平方の定理と円　次の図において，x の値を求めなさい。

(1)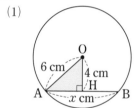

(2)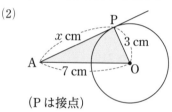

(P は接点)

4 2 点間の距離　次の 2 点間の
距離を求めなさい。

(1) 右の図の 2 点 A，B

(2) 右の図の 2 点 B，C

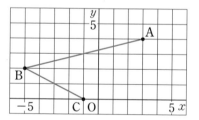

5 直方体の対角線の長さ　次の図の直方体や立方体の対角線 AG
の長さを求めなさい。

(1)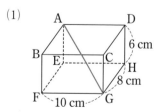

(2)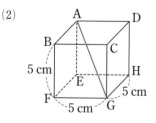

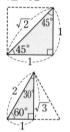

7章 三平方の定理
2節 三平方の定理の利用

🕐 20分

/11問中

1 🔍よく出る　平面図形の面積　次の図形の面積を求めなさい。

(1) 正三角形 ABC

(2) 二等辺三角形 ABC

(3) 台形 ABCD

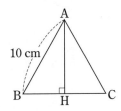

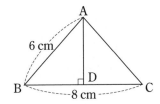

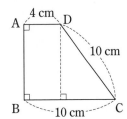

2 三平方の定理と球　右の図のように，半径が 6 cm の球を，中心Oとの距離が 4 cm である平面で切ったとき，その切り口は円になります。切り口の円 O′ の面積を求めなさい。

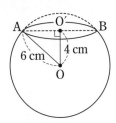

3 2点間の距離　次の2点間の距離を求めなさい。

(1) (2, 4), (−1, −5)

(2) (−3, 1), (9, 6)

4 立方体の対角線の長さ　右の図のような1辺が $2\sqrt{3}$ cm の立方体があり，点Mは辺 AB の中点です。

(1) 2点 C，E 間の距離を求めなさい。

(2) 2点 M，G 間の距離を求めなさい。

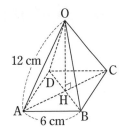

5 正四角錐の体積　右の図の正四角錐で，次のものを求めなさい。

(1) 高さ OH

(2) 体積

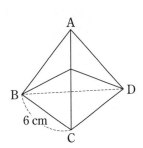

6 立体の表面上の最短距離　1辺が 6 cm の正四面体があります。ひもを点Bから点Dまで，辺 AC 上の点で交わるようにかけます。このひもがもっとも短くなるときのひもの長さを求めなさい。

成績 U・P ナビ

4 (2) MG は，∠B＝90° の直角三角形 MBG の斜辺になる。

5 (1) まず AH を求め，△OAH で三平方の定理を使う。

テストに出る！

章末予想問題

7章 三平方の定理

⏱ 30分

/100点

1 次の図において，x の値を求めなさい。 6点×3〔18点〕

(1)
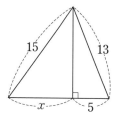

(2)
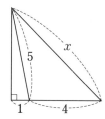

(3)
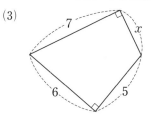

2 右の図の △ABC において，次のものを求めなさい。 6点×2〔12点〕

(1) 高さ AH

(2) 面積

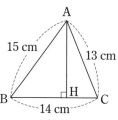

3 右の図のように，3点 A(2, 2)，B(−4, −2)，C(6, −4) を頂点とする △ABC があります。 6点×2〔12点〕

(1) 辺 BC の長さを求めなさい。

(2) △ABC はどんな三角形ですか。

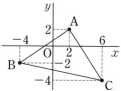

4 右の図の直方体で，次のものを求めなさい。 6点×3〔18点〕

(1) 線分 BH の長さ

(2) △AFC の面積

(3) 点Aから辺 BC を通って点Gまでひもをかけるとき，
そのひもがもっとも短くなるときのひもの長さ

5 右の図は円錐の展開図です。これを組み立ててできる円錐について，次のものを求めなさい。 6点×2〔12点〕

(1) 底面の半径

(2) 体積

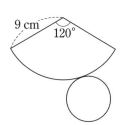

満点ゲット作戦

三平方の定理を使えるように，問題の図の中や，立体の側面や断面にある直角三角形に注目しよう。

ココが要点を再確認　もう一歩　合格

0　　　　　70　85　100点

6 差がつく　右の図のように，縦が 6 cm，横が 9 cm の長方形 ABCD の紙を，対角線 BD を折り目として折ります。7点×2〔14点〕

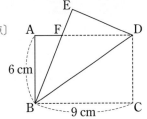

(1) AF の長さを求めなさい。

(2) BF の長さを求めなさい。

7 右の図のように，AB を直径とする半円と，その周上の点 P を通る接線があります。また，点 A，B を通る直径 AB の垂線と接線との交点をそれぞれ C，D とします。AC＝22 cm，BD＝10 cm のとき，次のものを求めなさい。7点×2〔14点〕

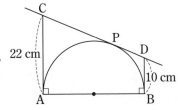

(1) CD の長さ

(2) 直径 AB の長さ

1	(1) $x=$	(2) $x=$	(3) $x=$
2	(1)	(2)	
3	(1)	(2)	
4	(1)	(2)	(3)
5	(1)	(2)	
6	(1)	(2)	
7	(1)	(2)	

1節 母集団と標本

テストに出る！ 教科書の ○コ が 要点

さらっとまとめ（赤シートを使って，□に入るものを考えよう。）

1 全数調査と標本調査　教 p.218〜p.219

・対象とする集団にふくまれるすべてのものについて行う調査を $\boxed{\text{全数調査}}$ という。

・対象とする集団の一部を調べ，その結果から集団の状況を推定する調査を $\boxed{\text{標本調査}}$ という。

・標本調査において，調査対象全体を $\boxed{\text{母集団}}$ という。

・調査のために母集団から取り出されたものの集まりを $\boxed{\text{標本}}$ といい，母集団から標本を取り出すことを標本の $\boxed{\text{抽出}}$ という。

・母集団にふくまれるものの個数を $\boxed{\text{母集団の大きさ}}$ といい，標本にふくまれるものの個数を $\boxed{\text{標本の大きさ}}$ という。

2 標本調査による推定　教 p.220〜p.226

・標本調査で，かたよりなく標本を抽出することを，$\boxed{\text{無作為に抽出する}}$ という。

3 標本調査の利用　教 p.227〜p.229

・母集団の大きさが非常に大きい場合や，全数調査を行うことが現実的でない場合は，$\boxed{\text{標本調査}}$ を行って，母集団の状況を推定する。

スピード確認（□に入るものを答えよう。答えは，下にあります。）

1
□ 学校で行う身体測定などのように，ある集団全体に対して行う調査を $\boxed{①}$ という。

□ 工場で生産する製品の品質検査などのように，集団の一部を取り出して行う調査を $\boxed{②}$ という。

□ 性質を調べたい集団全体を $\boxed{③}$，そこから調査のために取り出した一部を $\boxed{④}$ という。

2
□ 母集団から標本を選び出すときは，かたよりのないように乱数表や乱数さいを用いるなど $\boxed{⑤}$ 抽出する必要がある。

3
□ 赤玉と白玉が 200 個入っている袋から無作為に 10 個の玉を取り出したところ，赤玉が 7 個，白玉が 3 個だった。袋の中にある赤玉の数を推定すると，標本における赤玉の割合は，$\boxed{⑥}$ だから，$\boxed{⑦} \times \boxed{⑥} = \boxed{⑧}$ より，数はおよそ $\boxed{⑨}$ 個と考えられる。

① _____
② _____
③ _____
④ _____
⑤ _____
⑥ _____
⑦ _____
⑧ _____
⑨ _____

答 ①全数調査　②標本調査　③母集団　④標本　⑤無作為に　⑥$\frac{7}{10}$　⑦200
⑧140　⑨140

テストに出る！
予想問題

8章 標本調査
1節 母集団と標本

🕐20分

/10問中

1 🔍**よく出る**　標本調査　次の調査では，全数調査，標本調査のどちらが適していますか。

(1)　学校での体力測定

(2)　野球の試合の視聴率調査

2　標本の抽出　ある都市の中学生全員から，350人を無作為に抽出してアンケート調査を行うことになりました。

(1)　母集団は何ですか。

(2)　標本の大きさを答えなさい。

(3)　350人を無作為に抽出する方法として正しいものを選び，記号で答えなさい。

　⑦　テニス部の部員の中から，くじ引きで350人を選ぶ。

　④　アンケートに答えたい中学生を募集し，先着順で350人を選ぶ。

　⑨　中学生全員に番号をつけ，乱数表を用いて350人を選ぶ。

3　標本調査の利用　生徒数320人のある中学校で，生徒40人を無作為に抽出してアンケート調査を行ったところ，毎日1時間以上勉強をしている生徒が6人いました。この中学校全体で毎日1時間以上勉強をしている生徒は，およそ何人と推定できますか。

4　標本調査の利用　ある池にいる魚の数を調べるために，池の10か所に，えさを入れたわなをしかけて魚を300ぴき捕獲し，これらの魚全部に印をつけて池に返します。1週間後に同じようにして魚を240ぴき捕獲したところ，その中に印をつけた魚が30ぴきいました。この池全体の魚の数は，およそ何びきと推定できますか。

5　標本調査の利用　900ページの辞典にのっている見出し語の総数を調べるために，10ページを無作為に抽出し，そこにのっている見出し語の数を調べると，下のようになりました。

　64，62，68，76，59，72，75，82，62，69（語）

(1)　抽出した10ページにのっている見出し語の数の1ページあたりの平均を求めなさい。

(2)　この辞典にのっている見出し語の数は，およそ何万何千語と推定できますか。

(3)　標本を20ページにすると，標本平均と母集団の平均値の差はどうなると予想されますか。

3 生徒の総数と1時間以上勉強をしている生徒の数の割合を考える。
4 魚の総数と印をつけた魚の割合を考える。

テストに出る！
章末予想問題   8章 標本調査

🕐 15分

/100点

1 次の調査では，全数調査，標本調査のどちらが適していますか。   10点×4〔40点〕

(1) 缶詰の品質調査

(2) 空港での手荷物検査

(3) あるクラスの出欠の調査

(4) 市長選挙での出口調査

2 ある学校の生徒全員から，20人を無作為に抽出して，勉強に対する意識調査を行うことになりました。20人を無作為に抽出する方法として正しいものを選び，記号で答えなさい。

〔20点〕

　⑦　テストの点数が期末テストの平均点に近い人から20人を選ぶ。

　⑦　くじ引きで20人を選ぶ。

　⑦　女子の中からじゃんけんで20人を選ぶ。

3 箱の中に，赤，緑，青，白の4色のチップが合わせて600枚入っています。その中から無作為に60枚を抽出し，それぞれの枚数を数えたところ，赤が12枚，緑が16枚，青が13枚，白が19枚でした。   10点×2〔20点〕

(1) 箱の中のチップのうち，緑と白のチップの合計枚数の割合を求めなさい。

(2) 初めに箱の中に入っていた緑と白のチップの合計枚数を推定しなさい。

4 差がつく　袋の中に黒い碁石だけがたくさん入っています。同じ大きさの白い碁石60個をこの袋の中に入れ，よくかき混ぜた後，その中から40個の碁石を無作為に抽出して調べたら，白い碁石が15個ふくまれていました。初めに袋の中に入っていた黒い碁石の個数は，およそ何個と推定できますか。

〔20点〕

1	(1)		(2)	
	(3)		(4)	
2				
3	(1)		(2)	
4				

1	/40点	**2**	/20点	**3**	/20点	**4**	/20点

中間・期末の攻略本 解答と解説

数研出版版　数学**3**年

1章　式の計算

p.3　テスト対策問題

1 (1) $8a^2+6ab$　　(2) $5x^2-14x$

(3) $2x-3$　　(4) $25x^2-5y$

2 (1) $ab+2a-b-2$　(2) $x^2-8x+15$

(3) $2x^2+x-6$　　(4) $3a^2-11a-42$

(5) $a^2-3ab+6a-12b+8$

(6) $x^2+2xy-5x-4y+6$

3 (1) $x^2+7x+10$　　(2) $x^2-2x-24$

(3) $x^2+12x+36$　　(4) $a^2-8a+16$

(5) $49-x^2$　　(6) $4x^2+4x-15$

(7) $a^2+2ab+b^2-4a-4b-12$

(8) $x^2-11x+38$

解説

1 (4) $(-20x^3+4xy)\div\left(-\dfrac{4}{5}x\right)$

$=-20x^3\times\left(-\dfrac{5}{4x}\right)+4xy\times\left(-\dfrac{5}{4x}\right)$

$=25x^2-5y$

3 (6) $2x=M$ とおくと，$(2x-3)(2x+5)$

$=(M-3)(M+5)$

$=M^2+(-3+5)M-3\times5$

$=M^2+2M-15=4x^2+4x-15$

(7) $a+b=M$ とおくと，$(a+b-6)(a+b+2)$

$=(M-6)(M+2)=M^2-4M-12$

$=(a+b)^2-4(a+b)-12$

$=a^2+2ab+b^2-4a-4b-12$

(8) $2(x-3)^2-(x+4)(x-5)$

$=2(x^2-6x+9)-(x^2-x-20)$

$=2x^2-12x+18-x^2+x+20=x^2-11x+38$

p.4　予想問題

1 (1) $-20x^2+8xy$　　(2) $4xy+12y$

(3) $9x^2+2x$　　(4) $11a^2-24a$

---

2 (1) $ab-6a+2b-12$

(2) $2a^2-7ab+3b^2+4a-2b$

3 (1) $x^2+8x+15$　　(2) $x^2-4x-32$

(3) $x^2-16x+64$　　(4) $x^2-\dfrac{1}{25}$

(5) $9x^2+6x-8$　　(6) $4x^2-20xy+25y^2$

4 (1) $a^2-2ab+b^2-2a+2b+1$

(2) $x^2-2xy+y^2-9x+9y+20$

5 (1) $-13y^2+8xy$

(2) $5x^2-14xy+y^2$

解説

4 (2) $x-y=M$ とおくと，$(x-y-4)(x-y-5)$

$=(M-4)(M-5)=M^2-9M+20$

$=(x-y)^2-9(x-y)+20$

$=x^2-2xy+y^2-9x+9y+20$

5 (1) $(2x-3y)(2x+3y)-4(x-y)^2$

$=(2x)^2-(3y)^2-4(x^2-2xy+y^2)$

$=4x^2-9y^2-4x^2+8xy-4y^2=-13y^2+8xy$

p.6　テスト対策問題

1 (1) $x(x-4y)$　　(2) $2a(2b-3c)$

2 (1) $(x-1)(x-4)$　　(2) $(a+2)(a-4)$

(3) $(x-7)^2$　　(4) $(x+8)(x-8)$

3 (1) $2(x+3)(x-4)$　　(2) $(3x+y)(3x-y)$

4 (1) $(a+b)(a+b-1)$

(2) $(x+2)^2$

5 (1) 1600　　(2) 9801

6 $S=(x+2z)(y+2z)-xy$

$=xy+2xz+2yz+4z^2-xy$

$=2xz+2yz+4z^2=z(2x+2y+4z)\cdots$①

$\ell=2(x+z)+2(y+z)=2x+2y+4z\quad\cdots$②

①，②から，$S=z\ell$

解説

3 (1) はじめに共通因数をくくり出す。
$2x^2-2x-24=2(x^2-x-12)$
$=2(x+3)(x-4)$

4 (1) $a+b=M$ とおくと，$(a+b)^2-(a+b)$
$=M^2-M=M(M-1)=(a+b)(a+b-1)$

5 (1) $58^2-42^2=(58+42)(58-42)$
$=100\times16=1600$

(2) $99^2=(100-1)^2=100^2-2\times1\times100+1^2$
$=10000-200+1=9801$

6 道の端から端ま
での縦の長さは
$(x+2z)$ m，横の
長さは $(y+2z)$ m
道の中央を通る線
の縦の長さは $(x+z)$ m，横の長さは $(y+z)$ m
よって，$\ell=2(x+z)+2(y+z)$

---

p.7 予想問題

1 (1) $3b(a+2c)$　　(2) $a(x-2y+4z)$

2 (1) $(x-3)(x-6)$　　(2) $(a+4)(a-2)$

(3) $(a-6)^2$　　(4) $\left(y+\dfrac{1}{5}\right)\left(y-\dfrac{1}{5}\right)$

3 (1) $3(x+6)(x-2)$　　(2) $(2a+3)^2$

(3) $(x-y+6)(x-y-3)$

(4) $(5x-1)(x+9)$

4 (1) 9975　　(2) 39204

5 (1) -5　　(2) -3

6 連続する2つの整数の小さい方を n とする
と，大きい方は $n+1$ と表される。
大きい方の2乗から小さい方の2乗をひいた
差は，$(n+1)^2-n^2=n^2+2n+1-n^2$
$=2n+1=(n+1)+n$
よって，はじめの2つの数の和に等しくなる。

解説

3 (1) はじめに共通因数をくくり出す。
$3x^2+12x-36=3(x^2+4x-12)$
$=3(x+6)(x-2)$

(2) $4a^2+12a+9=(2a)^2+2\times3\times(2a)+3^2$
$=(2a+3)^2$

(3) $x-y=M$ とおくと，$(x-y)^2+3(x-y)-18$
$=M^2+3M-18=(M+6)(M-3)$
$=(x-y+6)(x-y-3)$

---

(4) $3x+4=A$，$2x-5=B$ とおくと，
$(3x+4)^2-(2x-5)^2=A^2-B^2$
$=(A+B)(A-B)$
$=(3x+4+2x-5)\{3x+4-(2x-5)\}$
$=(5x-1)(x+9)$

4 (1) $105\times95=(100+5)(100-5)$
$=100^2-5^2=10000-25=9975$

(2) $198^2=(200-2)^2=200^2-2\times2\times200+2^2$
$=40000-800+4=39204$

5 式を簡単にしてから数を代入する。

(1) $(x+y)^2-x^2-y^2=x^2+2xy+y^2-x^2-y^2$
$=2xy=2\times\left(-\dfrac{1}{2}\right)\times5=-5$

(2) $(a-3)^2-a(a+4)$
$=a^2-6a+9-a^2-4a$
$=-10a+9=-10\times1.2+9=-3$

---

p.8～p.9 章末予想問題

1 (1) $2x^2-29x$　　(2) $6a-12b-9$

2 (1) $xy-7x-4y+28$　　(2) $x^2-5x-24$

(3) $x^2+14x+49$　　(4) $y^2-\dfrac{4}{9}$

(5) $16x^2+8x-15$

(6) $x^2+2xy+y^2-36$

3 (1) $4x^2+x+7$　　(2) $26a^2-6a$

4 (1) 0　　(2) 21

5 (1) $3(3x^2-2y)$　　(2) $(x+10)(x-2)$

(3) $(2x-5y)^2$

(4) $3(2x+3y)(2x-3y)$

(5) $(a-b)(a-b+5)$

(6) $(x+5)(x-3)$

6 〈証明〉 円の半径は，$\dfrac{2a+2b}{2}=a+b$ (cm)

大きい方の半円の半径は，$\dfrac{2a}{2}=a$ (cm)

小さい方の半円の半径は，$\dfrac{2b}{2}=b$ (cm)

よって，色のついた部分の面積 S cm² は，
$S=\dfrac{1}{2}\pi(a+b)^2+\dfrac{1}{2}\pi a^2-\dfrac{1}{2}\pi b^2$

$=\dfrac{1}{2}\pi a^2+\pi ab+\dfrac{1}{2}\pi b^2+\dfrac{1}{2}\pi a^2-\dfrac{1}{2}\pi b^2$

$=\pi a^2+\pi ab=\pi a(a+b)$

解説

2 (5) $(4x-3)(4x+5)$
$=(4x)^2+(-3+5)\times4x-3\times5$
$=16x^2+8x-15$

(6) $x+y=M$ とおくと，$(x+y+6)(x+y-6)$
$=(M+6)(M-6)=M^2-36$
$=(x+y)^2-36=x^2+2xy+y^2-36$

3 (1) $(2x+1)^2-3(x-2)$
$=(2x)^2+2\times1\times2x+1^2-3x+6$
$=4x^2+4x+1-3x+6=4x^2+x+7$

4 (1) $(12x^2+8xy)\div4x=\dfrac{12x^2}{4x}+\dfrac{8xy}{4x}$
$=3x+2y=3\times(-2)+2\times3=-6+6=0$

(2) $(a-5)^2-a^2=a^2-10a+25-a^2$
$=-10a+25=-10\times\dfrac{2}{5}+25=-4+25=21$

5 (4) $12x^2-27y^2=3(4x^2-9y^2)$
$=3\{(2x)^2-(3y)^2\}=3(2x+3y)(2x-3y)$

(5) $a-b=M$ とおくと，$(a-b)^2+5(a-b)$
$=M^2+5M=M(M+5)=(a-b)(a-b+5)$

(6) $(x-2)(x+3)+x-9=x^2+x-6+x-9$
$=x^2+2x-15=(x+5)(x-3)$

6 外側の円の直径は
$(2a+2b)$ cm となるから，
半径は $\dfrac{2a+2b}{2}=a+b$ (cm)
求める色のついた部分の
面積 $S\,\mathrm{cm}^2$ は，
$S=\left(外側の円の \dfrac{1}{2}\right)$
　　$+(大きい方の半円)-(小さい方の半円)$
$=\dfrac{1}{2}\pi(a+b)^2+\dfrac{1}{2}\pi a^2-\dfrac{1}{2}\pi b^2$

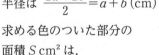

2章　平方根

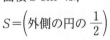

p.11　テスト対策問題

1 (1) ① ±6　　② ±0.4
(2) ① $\pm\sqrt{13}$　　② $\pm\sqrt{0.6}$
(3) ① 11　　② 18
　　③ 0.7　　④ $\dfrac{2}{7}$
(4) ① -7　　② 13
　　③ $\dfrac{4}{9}$　　④ -15

---

2 (1) $\sqrt{18}>\sqrt{6}$　　(2) $\sqrt{14}<4$
(3) $-\sqrt{21}>-\sqrt{23}$　　(4) $\sqrt{0.7}>0.7$
3 $-\sqrt{7}$

解説

1 (1)，(2) **ミス注意！** 正の数の平方根は，正と
負の 2 つあるので，平方根を答えるときは，
「$\pm$」の符号をつけ忘れないようにする。

(3) $(\sqrt{a})^2=a,\ (-\sqrt{a})^2=a$

(4) ② $\sqrt{(-13)^2}=\sqrt{169}=\sqrt{13^2}=13$

2 (2) $(\sqrt{14})^2=14,\ 4^2=16$ より，
$14<16$ であるから，$\sqrt{14}<4$

(4) $(\sqrt{0.7})^2=0.7,\ 0.7^2=0.49$ より，
$0.7>0.49$ であるから，$\sqrt{0.7}>0.7$

3 分数の形で表せない数は，無理数である。

p.12　予想問題

1 (1) ±4　(2) 10　(3) 7　(4) $\bigcirc$

2 (1) ±30　(2) $\pm\dfrac{3}{4}$　(3) ±0.7
(4) $\pm\sqrt{13}$　(5) $\pm\sqrt{1.9}$　(6) ±1.6

3 (1) 8　(2) -0.8　(3) $\dfrac{1}{4}$
(4) -0.6　(5) $\dfrac{9}{11}$　(6) -7

4 (1) $\sqrt{17}>\sqrt{15}$　　(2) $-5>-\sqrt{26}$
(3) $\sqrt{0.8}<0.9$

5 有理数…⑦，⑦，⑦，⑦，⑦
無理数…⑦，⑦，⑦
循環小数…⑦，⑦

解説

1 (1) 正の数には平方根が 2 つあり，絶対値が
等しく，符号が異なる。

(2) $\sqrt{a}$ は a の平方根のうち，正の方である。

(3) $\sqrt{(-7)^2}=\sqrt{49}=\sqrt{7^2}=7$

4 (2) $5^2=25,\ (\sqrt{26})^2=26$　$25<26$ より，
$-5>-\sqrt{26}$

(3) $(\sqrt{0.8})^2=0.8,\ 0.9^2=0.81$　$0.8<0.81$ より，
$\sqrt{0.8}<0.9$

5 $-\sqrt{\dfrac{25}{36}}=-\dfrac{5}{6}=-0.8333\cdots=-0.8\dot{3}$
$\dfrac{1}{9}=0.111\cdots=0.\dot{1}$

テスト対策問題

1 (1) $\sqrt{39}$ (2) 5

2 (1) $\sqrt{28}$ (2) $\sqrt{75}$

3 (1) $2\sqrt{5}$ (2) $10\sqrt{6}$

4 (1) $\dfrac{\sqrt{6}}{3}$ (2) $\dfrac{6\sqrt{5}}{5}$

5 (1) $9\sqrt{3}$ (2) $5\sqrt{5}-2\sqrt{10}$

6 (1) $21-4\sqrt{5}$ (2) 3

7 $4\sqrt{6}$

8 (1) 70.71 (2) 223.6 (3) 0.7071

9 $26.5,\ 27.5,\ 0.5$

解説

1 (2) $\dfrac{\sqrt{150}}{\sqrt{6}}=\sqrt{\dfrac{150}{6}}=\sqrt{25}=5$

4 (2) $\dfrac{6}{\sqrt{5}}=\dfrac{6\times\sqrt{5}}{\sqrt{5}\times\sqrt{5}}=\dfrac{6\sqrt{5}}{5}$

6 (1) $(2\sqrt{5}-1)^2=(2\sqrt{5})^2-2\times1\times2\sqrt{5}+1^2$
$=20-4\sqrt{5}+1=21-4\sqrt{5}$

(2) $(\sqrt{6}+\sqrt{3})(\sqrt{6}-\sqrt{3})=(\sqrt{6})^2-(\sqrt{3})^2$
$=6-3=3$

7 $x^2-y^2=(x+y)(x-y)$ としてから $x,\ y$ の値を代入する。

8 (3) $\sqrt{0.5}=\sqrt{\dfrac{50}{100}}=\dfrac{\sqrt{50}}{10}=\dfrac{7.071}{10}=0.7071$

予想問題

1 (1) $3\sqrt{5}$ (2) $4\sqrt{7}$ (3) $9\sqrt{5}$

2 (1) $18\sqrt{2}$ (2) $-9\sqrt{2}$ (3) $-\sqrt{6}$

3 (1) $\dfrac{\sqrt{14}}{2}$ (2) $\dfrac{\sqrt{5}}{3}$ (3) $\dfrac{\sqrt{3}}{3}$

4 (1) $3\sqrt{3}$ (2) 0
(3) $10\sqrt{2}$ (4) $9\sqrt{2}-2\sqrt{3}$

5 (1) $3\sqrt{5}+\sqrt{6}$ (2) $5\sqrt{2}-6\sqrt{3}$
(3) $1-\sqrt{7}$ (4) $4\sqrt{10}$

6 (1) 0.4472 (2) 4.242 (3) 2.828

解説

1 (2) $\sqrt{112}=\sqrt{16\times7}=\sqrt{16}\times\sqrt{7}=4\sqrt{7}$

2 (1) $\sqrt{24}\times\sqrt{27}=2\sqrt{2\times3}\times3\sqrt{3}=18\sqrt{2}$

(3) $\sqrt{48}\div(-\sqrt{8})=-\dfrac{\sqrt{48}}{\sqrt{8}}=-\sqrt{\dfrac{48}{8}}=-\sqrt{6}$

3 (3) $\dfrac{\sqrt{8}}{2\sqrt{6}}=\dfrac{\sqrt{8}\times\sqrt{6}}{2\sqrt{6}\times\sqrt{6}}=\dfrac{\sqrt{48}}{12}=\dfrac{4\sqrt{3}}{12}=\dfrac{\sqrt{3}}{3}$

4 (3) $\sqrt{32}+\sqrt{72}=4\sqrt{2}+6\sqrt{2}=10\sqrt{2}$

(4) $\sqrt{8}+\sqrt{27}-\sqrt{75}+\sqrt{98}$
$=2\sqrt{2}+3\sqrt{3}-5\sqrt{3}+7\sqrt{2}$
$=(2+7)\sqrt{2}+(3-5)\sqrt{3}=9\sqrt{2}-2\sqrt{3}$

5 (2) $\sqrt{6}\left(\dfrac{5}{\sqrt{3}}-3\sqrt{2}\right)=5\sqrt{2}-3\sqrt{12}$
$=5\sqrt{2}-6\sqrt{3}$

(4) $(\sqrt{5}+\sqrt{2})^2-(\sqrt{5}-\sqrt{2})^2$
$=\{(\sqrt{5}+\sqrt{2})+(\sqrt{5}-\sqrt{2})\}\{(\sqrt{5}+\sqrt{2})-(\sqrt{5}-\sqrt{2})\}$
$=2\sqrt{5}\times2\sqrt{2}=4\sqrt{10}$

6 (1) $\sqrt{0.2}=\sqrt{\dfrac{20}{100}}=\dfrac{\sqrt{20}}{10}=\dfrac{4.472}{10}=0.4472$

(2) $\sqrt{18}=3\sqrt{2}=3\times1.414=4.242$

(3) $\dfrac{12}{\sqrt{18}}=\dfrac{12}{3\sqrt{2}}=\dfrac{4}{\sqrt{2}}=\dfrac{4\sqrt{2}}{2}$
$=2\sqrt{2}=2\times1.414=2.828$

章末予想問題

1 (1) $\pm4\sqrt{2}$ (2) $-\dfrac{2}{3}$

(3) $-2\sqrt{5}<-3\sqrt{2}<-4$

(4) イ, ウ, オ

2 (1) $6\sqrt{10}$ (2) $\sqrt{6}$

(3) $-5\sqrt{3}+3\sqrt{7}$ (4) $\dfrac{5\sqrt{2}}{4}$

(5) $18-2\sqrt{5}$ (6) $2\sqrt{15}$

3 (1) 5 (2) $20\sqrt{2}$

4 (1) 0.866 (2) 7.464

5 1.270×10^4 km

6 (1) $a=4,\ 5,\ 6,\ 7$

(2) $n=1,\ 8,\ 13,\ 16,\ 17$

(3) $n=42$ (4) 1 (5) $3\sqrt{5}$ cm

解説

6 (1) $(\sqrt{10})^2<a^2<(\sqrt{50})^2$ より, $10<a^2<50$

(2) n は自然数だから, $17-n=0,\ 1,\ 4,\ 9,\ 16$
のとき, $\sqrt{17-n}$ の値は整数となる。

(3) $168=2^3\times3\times7=2^2\times(2\times3\times7)$

(4) $3<\sqrt{10}<4$ より, $a=\sqrt{10}-3$
$a(a+6)=(\sqrt{10}-3)(\sqrt{10}-3+6)$
$=(\sqrt{10}-3)(\sqrt{10}+3)=10-9=1$

(5) 正四角柱の底面の正方形の面積は,
$450\div10=45$ (cm²)

p.19 **テスト対策問題**

1 ⑦, ⑦, ⓘ

2 (1) $x=3, \ -\dfrac{1}{2}$ (2) $x=0, \ -4$

(3) $x=1, \ 2$ (4) $x=-2, \ 3$

(5) $x=0, \ 4$ (6) $x=3$

3 (1) $x=\pm\sqrt{3}$ (2) $x=\pm2\sqrt{2}$

(3) $x=-2, \ -8$ (4) $x=2\pm\sqrt{3}$

(5) $x=3\pm\sqrt{13}$ (6) $x=\dfrac{-5\pm\sqrt{37}}{2}$

4 (1) $x=\dfrac{3\pm\sqrt{41}}{4}$ (2) $x=\dfrac{-3\pm2\sqrt{3}}{3}$

(3) $x=2, \ -\dfrac{3}{4}$ (4) $x=\dfrac{2\pm\sqrt{2}}{3}$

5 (1) $x=-2, \ 6$ (2) $x=3, \ 6$

解説

2 (5) $5x^2=20x$ $x^2=4x$ $x^2-4x=0$

$x(x-4)=0$ $x=0, \ 4$

3 (6) $x^2+5x-3=0$ $x^2+5x=3$

$x^2+5x+\left(\dfrac{5}{2}\right)^2=3+\left(\dfrac{5}{2}\right)^2$

$\left(x+\dfrac{5}{2}\right)^2=\dfrac{37}{4}$ $x+\dfrac{5}{2}=\pm\dfrac{\sqrt{37}}{2}$

$x=-\dfrac{5}{2}\pm\dfrac{\sqrt{37}}{2}=\dfrac{-5\pm\sqrt{37}}{2}$

4 (3) $4x^2-5x-6=0$

$x=\dfrac{-(-5)\pm\sqrt{(-5)^2-4\times4\times(-6)}}{2\times4}$

$=\dfrac{5\pm\sqrt{121}}{8}=\dfrac{5\pm11}{8}$

(4) $9x^2-12x+2=0$

$x=\dfrac{-(-12)\pm\sqrt{(-12)^2-4\times9\times2}}{2\times9}$

$=\dfrac{12\pm\sqrt{72}}{18}=\dfrac{12\pm6\sqrt{2}}{18}=\dfrac{2\pm\sqrt{2}}{3}$

5 (1) $(x-9)(x+5)=-33$

$x^2-4x-45+33=0$

$x^2-4x-12=0$ $(x+2)(x-6)=0$

(2) $(x-3)^2=3(x-3)$

$x-3=M$ とおくと, $M^2=3M$

$M^2-3M=0$ $M(M-3)=0$

$(x-3)(x-3-3)=0$ $(x-3)(x-6)=0$

p.20 **予想問題**

1 (1) $x=-6, \ 4$ (2) $x=-4, \ 8$

(3) $x=0, \ -7$ (4) $x=11$

2 (1) $x=\pm4$ (2) $x=\pm3\sqrt{2}$

(3) $x=-2\pm\sqrt{7}$ (4) $x=\dfrac{7\pm\sqrt{29}}{2}$

3 (1) $x=\dfrac{-5\pm\sqrt{33}}{4}$ (2) $x=1\pm\sqrt{6}$

(3) $x=\dfrac{2\pm\sqrt{10}}{3}$ (4) $x=-\dfrac{1}{2}, \ -\dfrac{3}{2}$

4 (1) $x=-7, \ 4$ (2) $x=0, \ 8$

(3) $x=-4, \ 7$ (4) $x=\dfrac{2\pm\sqrt{6}}{2}$

5 $a=-1$, もう1つの解5

解説

3 (4) $4x^2+8x+3=0$

$x=\dfrac{-8\pm\sqrt{8^2-4\times4\times3}}{2\times4}=\dfrac{-8\pm\sqrt{16}}{8}$

$=\dfrac{-8\pm4}{8}$

4 (3) $(x-2)^2+(x-2)-30=0$

$x-2=M$ とおくと,

$M^2+M-30=0$ $(M+6)(M-5)=0$

$(x-2+6)(x-2-5)=0$

$(x+4)(x-7)=0$

(4) $(2x+1)^2-3(4x+1)=0$

$4x^2+4x+1-12x-3=0$

$4x^2-8x-2=0$ $2x^2-4x-1=0$

$x=\dfrac{-(-4)\pm\sqrt{(-4)^2-4\times2\times(-1)}}{2\times2}$

$=\dfrac{4\pm\sqrt{24}}{4}=\dfrac{4\pm2\sqrt{6}}{4}=\dfrac{2\pm\sqrt{6}}{2}$

5 $x^2+ax-20=0$ に $x=-4$ を代入すると,

$(-4)^2+a\times(-4)-20=0$ $a=-1$

よって, もとの式は, $x^2-x-20=0$

$(x+4)(x-5)=0$ $x=-4, \ 5$

したがって, もう1つの解は5

p.22 **テスト対策問題**

1 5

2 -7 と -6, 8 と 9

3 2 cm と 6 cm

4 15 cm

5 30 m

解説

1 ある自然数を x とおくと，$x^2=2x+15$
$x^2-2x-15=0$　$(x+3)(x-5)=0$　$x=-3,\ 5$
x は自然数だから，-3 は問題に適さない。

2 連続する 2 つの整数のうち，小さい方を x とおくと，大きい方は $x+1$ と表される。
$x(x+1)=x+(x+1)+55$
$x^2+x=x+x+1+55$　$x^2-x-56=0$
$(x+7)(x-8)=0$　$x=-7,\ 8$
x は整数だから，これらは，ともに問題に適している。よって，小さい方の整数は，$-7,\ 8$

3 AP の長さを x cm とすると，
PB$=(8-x)$ cm，BQ$=x$ cm と表される。
△PBQ の面積が 6 cm^2 より，
$\dfrac{x(8-x)}{2}=6$　$8x-x^2=12$
$x^2-8x+12=0$　$(x-2)(x-6)=0$　$x=2,\ 6$
$0<x<8$ であるから，これらは，ともに問題に適している。

4 紙の縦の長さを x cm とすると，直方体の容器の縦の長さは $(x-10)$ cm，横の長さは $(x+15-10)$ cm，高さは 5 cm となるから，
$5(x-10)(x+5)=500$　$(x-10)(x+5)=100$
$x^2-5x-150=0$　$(x+10)(x-15)=0$
$x=-10,\ 15$　$x>10$ であるから，$x=15$

5 もとの土地の 1 辺の長さを x m とすると，
$(x-8)(x+10)=880$　$x^2+2x-960=0$
$(x+32)(x-30)=0$　$x=-32,\ 30$
$x>8$ であるから，$x=30$

---

p.23　予想問題

1 $-2,\ -1,\ 0$ と $1,\ 2,\ 3$
2 8 と 14
3 4 秒後
4 2 m
5 20 cm

解説

1 連続する 3 つの整数のうち，中央の数を x とおくと，もっとも小さい数は $x-1$，もっとも大きい数は $x+1$ と表される。
$(x-1)^2+(x+1)^2=2x+6$
$2x^2-2x-4=0$　$x^2-x-2=0$
$(x+1)(x-2)=0$　$x=-1,\ 2$

---

x は整数だから，これらは，ともに問題に適している。
よって，中央の数は，$-1,\ 2$

2 2 つの自然数のうち小さい方を x とおくと，大きい方は $x+6$ と表すことができる。
$x(x+6)=112$　$x^2+6x-112=0$
$(x+14)(x-8)=0$　$x=-14,\ 8$
x は自然数だから，$x=8$

3 点 P が点 A を出発してから x 秒後の △PBQ の面積は，$\dfrac{(12-x)^2}{2}$ (cm^2)
△ABC の面積の $\dfrac{4}{9}$ は，$\dfrac{12^2}{2}\times\dfrac{4}{9}=32$ (cm^2)
$\dfrac{(12-x)^2}{2}=32$ を解くと，$x=4,\ 20$
$x<12$ であるから，$x=4$

4 通路の幅を x m とする。3 本の通路をそれぞれ端に動かすと，通路以外の部分は，縦 $(12-x)$ m，横 $(16-2x)$ m の長方形になる。
$(12-x)(16-2x)=120$
$192-40x+2x^2=120$　$2x^2-40x+72=0$
$x^2-20x+36=0$　$(x-2)(x-18)=0$
$x=2,\ 18$　$16-2x>0$ より，$x<8$
よって，$x=2$

5 紙の 1 辺の長さを x cm とする。
$4(x-8)^2=576$　$(x-8)^2=144$
$x-8=\pm12$　$x=8\pm12$
$x=20,\ -4$
$x>8$ であるから，$x=20$

---

p.24〜p.25　章末予想問題

1 (1) $1,\ 5$　(2) $3,\ 4$

2 (1) $x=\pm4$　(2) $x=-1\pm2\sqrt{5}$

　(3) $x=-3\pm\sqrt{13}$　(4) $x=\dfrac{9\pm\sqrt{69}}{2}$

　(5) $x=\dfrac{1\pm\sqrt{7}}{3}$　(6) $x=1,\ \dfrac{2}{5}$

3 (1) $x=\dfrac{2}{3},\ -4$　(2) $x=-8,\ 2$

　(3) $x=7$　(4) $x=-3,\ 10$

　(5) $x=-2,\ 9$　(6) $x=-5,\ 4$

4 (1) $a=2$，もう 1 つの解 -6

　(2) $a=7$

5 $3,\ 4,\ 5$

6 1 m

7 (1) $a+6$ (2) $(4, 10)$

🔑解説

4 (2) $x^2+x-20=0$ を解くと，$x=-5, 4$
小さい方の解は $x=-5$ であるから，
$x^2+ax+10=0$ に代入して a の値を求める。

5 連続する 3 つの自然数を $x-1, x, x+1$ とお
く。$(x-1)^2=x+(x+1)$ より，$x^2-4x=0$
$x(x-4)=0$ $x=0, 4$
x は自然数だから，$x=4$

6 道の幅を x m とする。
$(5-x)(12-3x)=5\times12\times\dfrac{3}{5}$ $x^2-9x+8=0$
$(x-1)(x-8)=0$ $x=1, 8$
$x<4$ であるから，$x=1$

7 (2) △POA は二等辺三角形だから，底辺を
OA とみると，OA$=2a$ (cm)，
高さは，$(a+6)$ cm となる。よって，
$\dfrac{2a(a+6)}{2}=40$ $a^2+6a=40$
$a^2+6a-40=0$ $(a+10)(a-4)=0$
$a>0$ より，$a=4$

4章 関数 $y=ax^2$

p.27 テスト対策問題

1 (1) $y=3x$ × (2) $y=\dfrac{1}{16}x^2$ ○

2 (1) $y=2x^2$ (2) $y=8$
  (3) $y=18$

3

$$y=\frac{1}{3}x^2$$
$$y=-\frac{1}{3}x^2$$

4 (1) $3\leqq y\leqq27$ (2) $0\leqq y\leqq27$

5 (1) 21 (2) -27

🔑解説

1 (1) $y=\dfrac{1}{2}\times x\times6=3x$ y は x に比例する。

  (2) 長さ x cm の針金を折り曲げて作る正方形

の 1 辺の長さは $\dfrac{x}{4}$ cm となるから，面積は，

$$y=\left(\frac{x}{4}\right)^2 \quad \text{すなわち} \quad y=\frac{1}{16}x^2$$

3 $y=\dfrac{1}{3}x^2$

x	$\cdots$	-3	-2	-1	0	1	2	3	$\cdots$
y	$\cdots$	3	$\dfrac{4}{3}$	$\dfrac{1}{3}$	0	$\dfrac{1}{3}$	$\dfrac{4}{3}$	3	$\cdots$

$y=-\dfrac{1}{3}x^2$ のグラフは，$y=\dfrac{1}{3}x^2$ のグラフと
x 軸について対称になる。

4 グラフをかいて考えるとわかりやすい。
  (1) x の変域が $-3\leqq x\leqq-1$ のとき，y は
    $x=-3$ で最大値，$x=-1$ で最小値をとる。
  (2) x の変域が $-2\leqq x\leqq3$ のとき，y は
    $x=3$ で最大値，$x=0$ で最小値をとる。

5 (2) $\dfrac{3\times(-3)^2-3\times(-6)^2}{-3-(-6)}=\dfrac{27-108}{3}=-27$

---

p.28 予想問題

1 (1) $y=10\pi x^2$ (2) 250π cm^3
  (3) 8 cm

2 (1) $y=-4x^2$ (2) $y=-36$
  (3) $x=\pm4$

3 (1) ④ (2) ⑦ (3) ⑨

4 (1) $-48\leqq y\leqq-3$ (2) $-27\leqq y\leqq0$

5 (1) 2 (2) -3

6 秒速 16 m

🔑解説

1 (1) $y=\pi x^2\times10$
  (2) $y=10\pi x^2$ に $x=5$ を代入して y の値を求
    める。
  (3) $y=10\pi x^2$ に $y=640\pi$ を代入して x の値
    を求める。$x>0$ であることに注意する。

3 $y=ax^2$ のグラフは $a>0$ のとき，上に，
  $a<0$ のとき，下に開いている。a の絶対値が
  大きいほど，グラフの開きぐあいは小さくなる。

4 (1) x の変域が $1\leqq x\leqq4$ のとき，y は
    $x=1$ で最大値，$x=4$ で最小値をとる。
  (2) x の変域が $-2\leqq x\leqq3$ のとき，y は
    $x=0$ で最大値，$x=3$ で最小値をとる。

5 (2) $\left\{\dfrac{1}{4}\times(-4)^2-\dfrac{1}{4}\times(-8)^2\right\}\div\{(-4)-(-8)\}$
    $=(4-16)\div4=-3$

$\boxed{6}$ $(平均の速さ) = \dfrac{(転がる距離)}{(転がる時間)}$

$= \dfrac{2 \times 6^2 - 2 \times 2^2}{6 - 2} = \dfrac{72 - 8}{4} = \dfrac{64}{4} = 16$

p.30 テスト対策問題

$\boxed{1}$ (1) $y = 0.008x^2$ 　(2) **20 m**

$\boxed{2}$ (1) $y = \dfrac{1}{2}x^2$

(2) $3\sqrt{2}$ **cm**

$\boxed{3}$

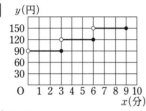

解説

$\boxed{1}$ (1) $y = ax^2$ に $x = 30$, $y = 7.2$ を代入すると,
$7.2 = a \times 30^2$ 　$900a = 7.2$ 　$a = 0.008$

$\boxed{2}$ (2) (1)の式に $y = 9$ を代入して x を求める。
$9 = \dfrac{1}{2}x^2$ 　$x^2 = 18$ 　$x \geqq 0$ から, $x = \sqrt{18} = 3\sqrt{2}$

$\boxed{3}$ **注意** グラフの端の点をふくむ場合は•, ふくまない場合は。を使って表す。

p.31 予想問題

$\boxed{1}$ (1) **144 m** 　(2) **40 秒後**

$\boxed{2}$ (1) $y = x + 4$ 　(2) **12**

(3) $\mathrm{P}(2, 2)$

$\boxed{3}$ (1) (右の図)

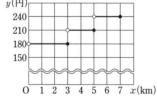

(2) **240 円**

解説

$\boxed{1}$ (1) グラフは点 $(20, 100)$ を通っているから,
$y = ax^2$ にこの座標を代入して a の値を求める。 $100 = a \times 20^2$ 　$400a = 100$ 　$a = \dfrac{1}{4}$

$y = \dfrac{1}{4}x^2$ に $x = 24$ を代入して y の値を求める。

(2) $y = 10x$ のグラフをかき, 交点の座標から求める。

$\boxed{2}$ (2) 点Cは直線 AB 上で, $x = 0$ の点である

から, y 座標は 4
$\triangle \mathrm{OAB} = \triangle \mathrm{OAC} + \triangle \mathrm{OBC}$

$= \dfrac{1}{2} \times 4 \times 2 + \dfrac{1}{2} \times 4 \times 4 = 12$

(3) $\mathrm{OP} /\!/ \mathrm{AB}$ となるとき, $\triangle \mathrm{PAB}$ の面積と $\triangle \mathrm{OAB}$ の面積が等しくなる。直線 OP は, 原点 O を通るから, $y = ax$ とすると, 直線 AB に平行となるので, $a = 1$ よって, $y = x$ 点P は $y = \dfrac{1}{2}x^2$ 上の点であるから,

$y = x$ と $y = \dfrac{1}{2}x^2$ の 2 つの式を連立方程式として, x 座標, y 座標の値を求める。

p.32〜p.33 章末予想問題

$\boxed{1}$ (1) $y = \dfrac{2}{3}x^2$ 　(2) $y = 24$

(3) $x = \pm 9$ 　(4) -6

$\boxed{2}$ (1) ① $y = \dfrac{1}{3}x^2$ 　② $y = -\dfrac{1}{2}x^2$

(2) $b = 12$, $c = \pm 9$ 　(3) $-32 \leqq y \leqq 0$

$\boxed{3}$ (1) $a = \dfrac{1}{2}$ 　(2) $a = 2$

$\boxed{4}$ **運送会社B**

$\boxed{5}$ (1) $a = \dfrac{1}{2}$ 　(2) $24 \ \mathrm{cm}^2$

$\boxed{6}$ (1) $y = x^2$ 　$0 \leqq y \leqq 9$

(2) $y = 3x$ 　$9 \leqq y \leqq 18$

解説

$\boxed{3}$ (1) $y = 0$ が最小値であることから, $x = -4$ のとき y は最大値8となる。$y = ax^2$ に $x = -4$, $y = 8$ を代入して a の値を求める。

(2) $\dfrac{a \times 5^2 - a \times 2^2}{5 - 2} = 14$ 　$\dfrac{25a - 4a}{3} = 14$ 　$a = 2$

$\boxed{4}$ A社…$3000 + 300 \times 5 = 4500$ (円)
B社…$2800 + 400 \times 4 = 4400$ (円)

$\boxed{5}$ (1) $y = ax^2$ に $x = -2$, $y = 2$ を代入すると, $2 = a \times (-2)^2$ 　$4a = 2$ より, $a = \dfrac{1}{2}$

(2) 点Cは点Bと y 軸について対称な点だから, $\mathrm{C}(2, 2)$ 　$\mathrm{BC} = 2 - (-2) = 4$
$\mathrm{AD} = \mathrm{BC} = 4$ より, A の x 座標は -4, y 座標は $y = \dfrac{1}{2} \times (-4)^2 = 8$

(四角形 $\mathrm{ABCD}) = 4 \times (8 - 2) = 24 \ (\mathrm{cm}^2)$

6 (1) x の変域が $0 \le x \le 3$ のとき, 点Pは, 点Aから辺 AB の中点まで, 点Qは, 点Aから点Dまで動くから, △APQ の面積は,

$y=\dfrac{1}{2} \times x \times 2x$　$y=x^2$　このとき,

y は, $x=0$ で最小値, $x=3$ で最大値をとる。

(2) x の変域が $3 \le x \le 6$ のとき, 点Pは, 辺 AB の中点から点Bまで, 点Qは, 点Dから点Cまで動くから, △APQ の面積は,

$y=\dfrac{1}{2} \times x \times 6$　$y=3x$　このとき,

y は, $x=3$ で最小値, $x=6$ で最大値をとる。

5章　相似

1 (1) $2:3$

(2) BC…8 cm, EF…6 cm

(3) ∠C…82°, ∠F…70°, ∠H…88°

2
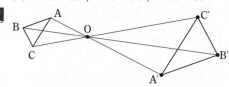

3 (1) △ABC∽△EDF

(2) 2組の辺の比とその間の角がそれぞれ等しい。

4 (1) △ABC と △AED において,

仮定から, ∠ABC＝∠AED　……①

共通な角だから, ∠BAC＝∠EAD…②

①, ②より, 2組の角がそれぞれ等しいから, △ABC∽△AED

(2) 5 cm

解説

4 (2) △ABC と △AED の相似比は,

$(8+4):6=2:1$ だから, $10:DE=2:1$

1 (1) $4:3$　(2) 8 cm　(3) 85°

2
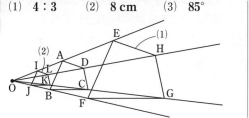

3 ⑦と⑨　条件…2組の角がそれぞれ等しい。

⑦と⑨　条件…3組の辺の比がすべて等しい。

⑨と⑩　条件…2組の辺の比とその間の角がそれぞれ等しい。

解説

1 (2) $AC:6=4:3$　$3AC=24$　$AC=8$ (cm)

(3) ∠E＝∠B＝40°, ∠F＝55° より,

∠D＝180°－(40°＋55°)＝85°

1 (1) △ABC∽△AED

条件…2組の角がそれぞれ等しい。

(2) △ABC∽△DEC

条件…2組の辺の比とその間の角がそれぞれ等しい。

2 (1) △ABC と △CBD において,

∠ACB＝∠CDB＝90°　……①

また, 共通な角であるから,

∠ABC＝∠CBD　……②

①, ②より, 2組の角がそれぞれ等しいから, △ABC∽△CBD

(2) 9.6 cm

(3) △CBD と △ACD において,

∠CDB＝∠ADC＝90°　……①

∠BCD＝90°－∠ACD　……②

∠CAD＝90°－∠ACD　……③

②, ③より,

∠BCD＝∠CAD　……④

①, ④より, 2組の角がそれぞれ等しいから, △CBD∽△ACD

(4) 7.2 cm

3 (1) △ABD と △ACE において,

∠ADB＝180°－∠BDC

∠AEC＝180°－∠BEC

仮定から, ∠BDC＝∠BEC であるから,

∠ADB＝∠AEC　……①

また, 共通な角であるから,

∠BAD＝∠CAE　……②

①, ②より, 2組の角がそれぞれ等しいから, △ABD∽△ACE

(2) 3.6 cm

解説

2 (2) (1)から，対応する辺の長さの比は等しい
から，AB：AC＝CB：CD
よって，20：12＝16：CD　20CD＝12×16
CD＝9.6 (cm)

(4) (3)から，対応する辺の長さの比は等しいか
ら，CB：CD＝AC：AD
よって，16：9.6＝12：AD　16AD＝9.6×12
AD＝7.2 (cm)

別解 △ABC∽△ACD から求めると，
AB：AC＝AC：AD　20：12＝12：AD
20AD＝12×12　AD＝7.2 (cm)

---

p.39　テスト対策問題

1 (1) 4：3　　　(2) 16：9
2 (1) 21 cm　　(2) 12 cm²
3 (1) 9：16　　(2) 27：64
4 (1) 52 cm²　　(2) 384 cm³

解説

2 相似比は，4：6＝2：3
(1) 周の長さの比は相似比 (2：3) に等しい。
$14 \times \dfrac{3}{2} = 21$ (cm)

(2) 面積の比は，2²：3²＝4：9　$27 \times \dfrac{4}{9} = 12$ (cm²)

4 相似比は，4：8＝1：2
(1) 表面積の比は，1²：2²＝1：4
$208 \times \dfrac{1}{4} = 52$ (cm²)

(2) 体積の比は，1³：2³＝1：8　48×8＝384 (cm³)
ミス注意! 表面積の比と体積の比を混同しな
いようにすること。

---

p.40　予想問題

1 (1) 5：4　　　(2) 96 cm²
2 (1) 3：5　　　(2) 9：16
3 (1) 4：25　　(2) 8：125
4 (1) 3：4　　　(2) 320 cm³

解説

2 (1) △ABD：△ACD＝BD：CD＝6：10
＝3：5

(2) △ABD∽△CBE で，相似比は，
AB：CB＝12：16＝3：4
よって，△ABD：△CBE＝3²：4²＝9：16

---

4 (1) PとQの相似比は，$\sqrt{9} : \sqrt{16} = 3 : 4$
(2) PとQの体積の比は，3³：4³＝27：64
よって，Qの体積は，$135 \times \dfrac{64}{27} = 320$ (cm³)

---

p.42　テスト対策問題

1 (1) $x=9$, $y=5$
(2) $x=14$, $y=12$
(3) $x=12.5$
2 FD
3 20 cm
4 (1) $x=22.5$　　(2) $x=10.8$
5 35 m

解説

2 BF：FA＝16：8＝2：1，
BD：DC＝20：10＝2：1 より，FD∥AC
DE，EF に関しても同様にして調べる。

3 中点連結定理より，
$DE = \dfrac{1}{2}BA = \dfrac{1}{2} \times 15 = 7.5$ (cm)
同様にして，EF＝7 cm，FD＝5.5 cm
7.5＋7＋5.5＝20 (cm)

4 (2) 18：x＝15：9　15x＝18×9　x＝10.8

5 7×500＝3500 (cm) より，35 m

---

p.43　予想問題

1 (1) $x=9$, $y=8$　　(2) $x=6$, $y=7.5$
(3) $x=6$, $y=3$
2 (1) 2：3　　　(2) 4.8 cm
3 △DAB において，E は AD の中点，G は
BD の中点であるから，
$EG \parallel AB$, $EG = \dfrac{1}{2}AB$
△CAB においても同様にして，
$HF \parallel AB$, $HF = \dfrac{1}{2}AB$
よって，EG∥HF，EG＝HF
1組の対辺が平行でその長さが等しいから，
四角形 EGFH は平行四辺形である。
4 (1) $x=7.5$　(2) $x=12.8$　(3) $x=3$
5 $\dfrac{21}{4}$ 倍

2 (1) BE：ED＝AB：DC＝8：12＝2：3

(2) BE：BD＝2：(2＋3)＝2：5 より，

$$EF＝\frac{2}{5}DC＝\frac{2}{5}×12＝4.8 \text{(cm)}$$

4 (3) AB：AC＝BD：DC より，

6：4＝x：(5－x)   4x＝6(5－x)

4x＝30－6x 10x＝30 x＝3

5 小さい円と大きい円の相似比，10：25＝2：5

面積の比は，2^2：5^2＝4：25

アとイの部分の面積の比は，4：(25－4)＝4：21

よって，青色の部分の面積は，赤色の部分の

面積の $\dfrac{21}{4}$ 倍

---

p.44～p.45　章末予想問題

1 (1) x＝12　　(2) x＝10　　(3) x＝4.8

2 (1) △ABD と △AEF において，

∠ABD＝∠AEF＝60°　……①

∠BAD＝∠BAC－∠DAC＝60°－∠DAC

∠EAF＝∠DAE－∠DAC＝60°－∠DAC

よって，∠BAD＝∠EAF　……②

①，②より，2組の角がそれぞれ等し

いから，△ABD∽△AEF

(2) **1.9 cm**　　(3) **(5－$\sqrt{6}$) cm**

3 **9 cm**

4 (1) x＝8　　　　(2) x＝$\dfrac{28}{5}$

5 AD∥EC より，

∠BAD＝∠AEC，∠DAC＝∠ACE

∠BAD＝∠DAC であるから，

∠AEC＝∠ACE より，AE＝AC

AD∥EC より，BA：AE＝BD：DC

したがって，AB：AC＝BD：DC

6 **約13.1 m**

7 (1) **1：9**　　　　(2) **1：7：19**

1 (2) DC＝18－10＝8 (cm)

AC：DC＝12：8＝3：2

BC：AC＝18：12＝3：2

∠C は共通だから，△ABC∽△DAC となる。

AB：DA＝3：2 より，

15：x＝3：2　x＝10

---

2 (2) AF＝x cm とおくと，

AB：AE＝AD：AF より，

10：9＝9：x　x＝8.1

CF＝10－8.1＝1.9 (cm)

(3) ∠ABD＝∠DCF＝60°，

∠ADB＝∠AFE＝∠DFC から，

△ABD∽△DCF である。BD＝y cm

とすると，AB：DC＝BD：CF より，

10：(10－y)＝y：1.9

y(10－y)＝10×1.9　y^2－10y＋19＝0

これを解いて　y＝5±$\sqrt{6}$

BD＜DC より，y＜5 であるから，

y＝5－$\sqrt{6}$

ミス注意！ y＝5＋$\sqrt{6}$ も答えとしてしまわ

ないよう注意する。

3 中点連結定理により，EC＝2DF＝2×3＝6

DG＝2EC＝2×6＝12

FG＝DG－DF＝12－3＝9 (cm)

4 (1) AE：EB＝DF：FC＝2：3

対角線 AC と線分 EF の交点をGとすると，

$$EG＝\frac{2}{2＋3}BC＝\frac{2}{5}×14＝\frac{28}{5} \text{(cm)}$$

同様にして，GF＝$\dfrac{12}{5}$ cm

$$EF＝\frac{28}{5}＋\frac{12}{5}＝8 \text{(cm)}$$

(2) CF：CD＝EF：AD＝4：14＝2：7 より，

DF：DC＝(7－2)：7＝5：7

$$BC＝4×\frac{7}{5}＝\frac{28}{5} \text{(cm)}$$

6 400分の1の縮図をかくと，

$$BC＝20×100×\frac{1}{400}＝5 \text{(cm)}$$

このとき，AC の長さは約 2.9 cm となるから，

木の高さは，

2.9×400÷100＋1.5＝13.1 (m)

ミス注意！ 目の高さを加えるのを忘れないよう

にする。

7 P，P＋Q，P＋Q＋R の相似比は，1：2：3

(2) これら3つの立体の体積の比は，

1^3：2^3：3^3＝1：8：27 であるから，

立体P，Q，R の体積の比は，

1：(8－1)：(27－8)＝1：7：19

6章 円

p.47 テスト対策問題

1 (1) $\angle x = 54°$　　(2) $\angle x = 59°$
　(3) $\angle x = 230°$　　(4) $\angle x = 84°$

2 (1) $\angle x = 54°$　　(2) $\angle x = 15°$

3 (1) $\angle x = 52°$　　(2) $\angle y = 104°$

4 ⑦, ⑦

解説

1 (2) $360° - 242° = 118°$　$\angle x = \dfrac{1}{2} \times 118° = 59°$

　(4) $\angle x = 60° + 24° = 84°$

2 (2) $\angle x = 90° - 75° = 15°$

3 (2) $\overset{\frown}{CD} = \overset{\frown}{AB}$ より，$\angle CBD = \angle ACB = 52°$
　△EBC で，$\angle AEB = 52° + 52° = 104°$

4 ⑦…$\angle ABD = 97° - 65° = 32°$ であるから，
　$\angle ABD = \angle ACD$ が成り立つ。

p.48 予想問題

1 (1) $\angle x = 112°$　　(2) $\angle x = 100°$
　(3) $\angle x = 18°$

2 (1) $\angle x = 23°$　　(2) $\angle x = 57°$
　(3) $\angle x = 25°$

3 (1) $\angle x = 26°$　　(2) $\angle x = 45°$
　(3) $\angle x = 60°$

4 ① ＝　　② ＜　　③ ＞

5 (1) $\angle x = 26°$　　(2) $\angle y = 54°$

解説

1 (3) $\angle CAD = \angle CBD = \angle x$
三角形の内角と外角の関係から，
$\angle ADB = 42° + \angle x$，$\angle ACB = 78° - \angle x$
円周角の定理より，$\angle ADB = \angle ACB$ だから，
$42° + \angle x = 78° - \angle x$
$2\angle x = 36°$　$\angle x = 18°$

2 (2) $\angle x = \angle BAC = 180° - (90° + 33°) = 57°$
　(3) $\angle ADC = 90°$，$\angle BDC = \angle BAC = 65°$ より，
　$\angle x = 90° - 65° = 25°$

3 (2) $\angle APB : \angle BPC = \overset{\frown}{AB} : \overset{\frown}{BC}$
　$\angle x : 90° = 1 : 2$　$\angle x = 45°$
　(3) 円の中心を O とすると，
　　$\angle AOC = 360° \times \dfrac{2}{6} = 120°$　$\angle x = \dfrac{1}{2} \times 120° = 60°$

5 (1) $\angle x = 52° - 26° = 26°$
　(2) $\angle ADB = \angle ACB = 26°$ より，
　　4点 A，B，C，D は 1 つの円周上にある。
　　よって，$\angle y = \angle ABD$
　　　　　　$= 180° - (74° + 26° + 26°) = 54°$

p.50 テスト対策問題

1 O と P，O と A，O と B をそれぞれ結ぶ。
△OPA と △OPB において，
PA，PB は円 O の接線だから，
　$\angle PAO = \angle PBO = 90°$　……①
円 O の半径だから，OA = OB　……②
また，OP は共通　……③
①，②，③より，直角三角形で，斜辺と他の
1 辺がそれぞれ等しいから，△OPA ≡ △OPB
合同な図形の対応する辺の長さは等しいから，
PA = PB

2
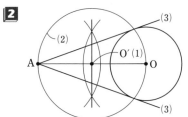

3 △ACP と △DBP において，
対頂角は等しいから，
　$\angle APC = \angle DPB$　……①
$\overset{\frown}{CB}$ に対する円周角は等しいから，
　$\angle CAP = \angle BDP$　……②
①，②より，2 組の角がそれぞれ等しいから，
△ACP ∽ △DBP

4 △ABE と △BDE において，
共通な角だから，$\angle AEB = \angle BED$　……①
仮定から，$\angle BAE = \angle EAC$　……②
$\overset{\frown}{EC}$ に対する円周角は等しいから，
　$\angle EAC = \angle DBE$　……③
②，③より，$\angle BAE = \angle DBE$　……④
①，④より，2 組の角がそれぞれ等しいから，
△ABE ∽ △BDE

解説

2 (3) (2)でかいた円 O' と円 O との 2 つの交点
を P，P' とすると，AO は直径だから，
$\angle APO = \angle AP'O = 90°$ となり，AP，AP' は
円 O の接線であることがわかる。

p.51　　　**予想問題**

1 (1) $\angle x=70°$　　　(2) $\angle x=50°$

　　(3) $\angle x=90°$

2 (1) △PAD と △PCB において，

　　$\overset{\frown}{AC}$ に対する円周角は等しいから，

　　　　$\angle PDA=\angle PBC$　……①

　　共通な角だから，

　　　　$\angle APD=\angle CPB$　……②

　　①，②より，2組の角がそれぞれ等しい

　　から，△PAD∽△PCB

　　(2) 19 cm

3 (1) △ABE と △ACD において，

　　仮定から，AB=AC　　　……①

　　　　　　　BE=CD　　　……②

　　$\overset{\frown}{AD}$ に対する円周角は等しいから，

　　　　$\angle ABE=\angle ACD$　　……③

　　①，②，③より，2組の辺とその間の角が

　　それぞれ等しいから，

　　　　△ABE≡△ACD

　　(2) 75°

解説

1 (3) OとAを結ぶと，△PBO≡△PAO，

　　△DCO≡△DAO より，

　　$\angle BOA=2\angle POA$，$\angle COA=2\angle DOA$

　　$\angle BOA+\angle COA=180°$

　　したがって，$2\angle POA+2\angle DOA=180°$

　　$2(\angle POA+\angle DOA)=180°$

　　$\angle x=\angle POA+\angle DOA=90°$

2 (2) (1)より，対応する辺の比は等しいから，

　　$PA:PC=PD:PB$　　$6:5=PD:20$

　　$PD=24$　　$CD=PD-PC=24-5=19$ (cm)

3 (2) $\angle COD=\dfrac{1}{3}\times 90°=30°$　$\angle CAD=15°$

　　よって，$\angle CAE=\angle CAB-\angle BAE$

　　　$=\angle CAB-\angle CAD=90°-15°=75°$

p.52～p.53　**章末予想問題**

1 (1) $\angle x=118°$　　　(2) $\angle x=26°$

　　(3) $\angle x=38°$　　　(4) $\angle x=53°$

　　(5) $\angle x=24°$　　　(6) $\angle x=25°$

2 (1) $\angle x=45°$，$\angle y=112.5°$

　　(2) $\angle x=40°$，$\angle y=30°$

3 平行四辺形の対角は等しいから，

　　　　$\angle BAD=\angle BCD$

　　また，折り返した角であるから，

　　　　$\angle BCD=\angle BPD$

　　よって，$\angle BAD=\angle BPD$ より，4点A，

　　B，D，P は1つの円周上にある。

　　したがって，$\overset{\frown}{AP}$ に対する円周角は等しい

　　から，$\angle ABP=\angle ADP$

4 (1) 30°　　　(2) $\dfrac{4}{3}\pi$ cm

5 (1) $x=4$　　(2) $x=6$　　(3) $x=12$

6 (1) △ADB と △ABE において，

　　共通な角だから，

　　　　$\angle BAD=\angle EAB$　……①

　　AB=AC より，

　　　　$\angle ABE=\angle ACB$　……②

　　$\overset{\frown}{AB}$ に対する円周角は等しいから，

　　　　$\angle ACB=\angle ADB$　……③

　　②，③より，$\angle ADB=\angle ABE$　……④

　　①，④より，2組の角がそれぞれ等しい

　　から，△ADB∽△ABE

　　(2) 6 cm

解説

1 (5) $\angle CFD=\angle CED=36°$ だから，

　　　$\angle x=\angle BFC=60°-36°=24°$

　　(6) $\angle x+35°=\dfrac{1}{2}\times(360°-240°)$　$\angle x=25°$

2 (1) A～Hは円周を8等分する点だから，

　　　1つの弧に対する円周角は，

　　　$\dfrac{1}{2}\times\left(\dfrac{1}{8}\times 360°\right)=22.5°$

　　　よって，$\angle x=22.5°\times 2=45°$

　　　$\angle DAG=22.5°\times 3=67.5°$ より，

　　　$\angle y=45°+67.5°=112.5°$

　　(2) $\angle x=90°-50°=40°$，$\angle DEB=\angle DCB=20°$

　　　より，4点D, B, C, E は1つの円周上にある。

　　　よって，$\angle BEC=\angle BDC=90°$ より，

　　　$\angle y=180°-(20°+90°+40°)=30°$

4 (1) $\angle BOC=2\angle BDC=2\times 50°=100°$

　　　$\angle AOB=130°-100°=30°$

　　(2) $\overset{\frown}{AB}=2\pi\times 8\times\dfrac{30}{360}$

　　　　　$=\dfrac{4}{3}\pi$ (cm)

5 (1)　△ACP∽△DBP

　(2)　△BCD∽△CED　　BD：CD＝CD：ED

　　　$12：x＝x：3$　　$x^2＝36$　　$x＞0$　　$x＝6$

　(3)　△ABE∽△ACB　　AB：AC＝AE：AB

　　　$x：18＝8：x$　　$x^2＝144$　　$x＞0$　　$x＝12$

6 (2)　(1)より，AB：AE＝AD：AB

　　AB：9＝4：AB　　$AB^2＝36$　　AB＝6 (cm)

7章　三平方の定理

p.55　テスト対策問題

1 (1)　$x＝6$　　(2)　$x＝12$　　(3)　$x＝2\sqrt{6}$

　(4)　$x＝6\sqrt{2}$　(5)　$x＝15$　(6)　$x＝2\sqrt{41}$

2 (1)　$2\sqrt{5}$ cm　　　(2)　$2\sqrt{21}$ cm

3 ㋑，㋒，㋓，㋕

4 $AB^2＋BC^2＝20^2＋21^2＝400＋441＝841$

　　$AC^2＝29^2＝841$

　　よって，$AB^2＋BC^2＝AC^2$ が成り立つから，

　　△ABC は ∠B＝90° の直角三角形である。

解説

2 (1)　$4^2＋AD^2＝6^2$　　$AD^2＝20$

　　$AD＝\sqrt{20}＝2\sqrt{5}$ (cm)

3 もっとも長い辺を斜辺として計算してみる。

　㋔　$6＝\sqrt{36}$, $3\sqrt{3}＝\sqrt{27}$ より，6 cm の辺がも

　　っとも長い。$(\sqrt{10})^2＋(3\sqrt{3})^2＝37$, $6^2＝36$

　　よって，直角三角形でない。

　㋕　$3\sqrt{2}＝\sqrt{18}$, $6\sqrt{2}＝\sqrt{72}$, $3\sqrt{6}＝\sqrt{54}$ より，

　　$6\sqrt{2}$ cm の辺がもっとも長い。

　　$(3\sqrt{2})^2＋(3\sqrt{6})^2＝72$, $(6\sqrt{2})^2＝72$

　　よって，直角三角形である。

p.56　予想問題

1 ①　$(a＋b)^2$　　　②　$\dfrac{1}{2}ab$

　③　$a^2＋b^2$　　　　④　c^2

2 (1)　$x^2＝16－a^2$, $x^2＝－a^2＋10a－16$

　(2)　$a＝\dfrac{16}{5}$　　　(3)　$x＝\dfrac{12}{5}$

3 $x＝3$

4 (1)　△ABC において，三平方の定理より，

　　　$AC^2＝8^2＋12^2＝208$

また，$AD^2＋DC^2＝(6\sqrt{3})^2＋10^2＝208$

よって，$AD^2＋DC^2＝AC^2$ が成り立つ

から，△ADC は ∠D＝90° の直角三角

形である。

　(2)　$(30\sqrt{3}＋48)$ cm²

解説

2 (1)　△ABD で，$x^2＋a^2＝4^2$　　$x^2＝16－a^2$

　　△ACD で，$x^2＋(5－a)^2＝3^2$

　　$x^2＝9－(5－a)^2＝－a^2＋10a－16$

　(2)　x^2 を消去して，$16－a^2＝－a^2＋10a－16$

　　$10a＝32$　　$a＝\dfrac{16}{5}$

　(3)　$x^2＝16－\left(\dfrac{16}{5}\right)^2＝\dfrac{144}{25}$

　　$x＞0$ から，$x＝\dfrac{12}{5}$

3 $(x＋2)$ cm の辺が斜辺となるから，

　　$x^2＋(x＋1)^2＝(x＋2)^2$

　　$x^2＋(x^2＋2x＋1)＝x^2＋4x＋4$

　　$x^2－2x－3＝0$　　$(x＋1)(x－3)＝0$

　　$x＝－1$, 3

　　$x＞0$ から，$x＝3$

4 (2)　(四角形 ABCD)＝△ADC＋△ABC

　　$＝\dfrac{1}{2}×6\sqrt{3}×10＋\dfrac{1}{2}×12×8$

　　$＝30\sqrt{3}＋48$ (cm²)

p.58　テスト対策問題

1 (1)　$4\sqrt{5}$ cm　　　(2)　$6\sqrt{2}$ cm

2 (1)　$x＝6$, $y＝6\sqrt{2}$　(2)　$x＝2\sqrt{3}$, $y＝2$

3 (1)　$x＝4\sqrt{5}$　　　(2)　$x＝2\sqrt{10}$

4 (1)　$2\sqrt{17}$　　　　(2)　$2\sqrt{5}$

5 (1)　$10\sqrt{2}$ cm　　　(2)　$5\sqrt{3}$ cm

解説

2 (2)　$4：x＝2：\sqrt{3}$　　$x＝2\sqrt{3}$

　　$4：y＝2：1$　　$y＝2$

3 (1)　$AH^2＋4^2＝6^2$　　$AH^2＝20$

　　$AH＞0$ から，$AH＝\sqrt{20}＝2\sqrt{5}$

　　$x＝2AH＝2×2\sqrt{5}＝4\sqrt{5}$

　(2)　$x^2＋3^2＝7^2$　　$x^2＝40$

　　$x＞0$ から，$x＝\sqrt{40}＝2\sqrt{10}$

4 (1)　$\sqrt{\{3－(－5)\}^2＋(4－2)^2}＝\sqrt{8^2＋2^2}$

　　　　　　　　　　　　　　$＝\sqrt{68}＝2\sqrt{17}$

(2) $\sqrt{\{(-1)-(-5)\}^2+(2-0)^2}=\sqrt{4^2+2^2}$
$=\sqrt{20}=2\sqrt{5}$

5 (1) $\sqrt{8^2+10^2+6^2}=\sqrt{200}=10\sqrt{2}$ (cm)

(2) $\sqrt{3}\times5=5\sqrt{3}$ (cm)

別解 $\sqrt{5^2+5^2+5^2}=\sqrt{5^2\times3}=5\sqrt{3}$ (cm)

---

p.59　予想問題

1 (1) $25\sqrt{3}$ **cm²** (2) $8\sqrt{5}$ **cm²**

(3) **56 cm²**

2 20π **cm²**

3 (1) $3\sqrt{10}$ (2) **13**

4 (1) **6 cm** (2) $3\sqrt{3}$ **cm**

5 (1) $3\sqrt{14}$ **cm** (2) $36\sqrt{14}$ **cm³**

6 $6\sqrt{3}$ **cm**

解説

1 (1) $AB:AH=2:\sqrt{3}$

$AH=\dfrac{\sqrt{3}}{2}\times10=5\sqrt{3}$

よって，$\triangle ABC=\dfrac{1}{2}\times10\times5\sqrt{3}=25\sqrt{3}$ (cm²)

(2) $BD=8\div2=4$　　$AD^2+4^2=6^2$　　$AD^2=20$

$AD>0$ から，$AD=\sqrt{20}=2\sqrt{5}$

よって，$\triangle ABC=\dfrac{1}{2}\times8\times2\sqrt{5}=8\sqrt{5}$ (cm²)

(3) 高さを x cm とすると，

$x^2+(10-4)^2=10^2$　　$x^2=64$

$x>0$ から，$x=8$　よって，

$(台形\ ABCD)=\dfrac{1}{2}\times(4+10)\times8=56$ (cm²)

2 $O'A=\sqrt{6^2-4^2}=\sqrt{20}=2\sqrt{5}$

円 O' の面積は，$\pi\times(2\sqrt{5})^2=20\pi$ (cm²)

3 (1) $\sqrt{\{2-(-1)\}^2+\{4-(-5)\}^2}=\sqrt{90}=3\sqrt{10}$

(2) $\sqrt{\{9-(-3)\}^2+(6-1)^2}=\sqrt{169}=13$

4 (1) 1辺が $2\sqrt{3}$ cm の立方体の対角線だから，

$\sqrt{3}\times2\sqrt{3}=6$ (cm)

(2) 直角二等辺三角形 BCG で，

$BG=\sqrt{2}\times2\sqrt{3}=2\sqrt{6}$ (cm)

$\angle B=90°$ の直角三角形 MBG で，

$MG^2=BG^2+BM^2$ より，

$MG=\sqrt{(2\sqrt{6})^2+(\sqrt{3})^2}=\sqrt{27}$

$=3\sqrt{3}$ (cm)

5 (1) $AC=6\sqrt{2}$ cm より，

$AH=6\sqrt{2}\div2=3\sqrt{2}$ (cm)

$\triangle OAH$ で，$OH=\sqrt{12^2-(3\sqrt{2})^2}=\sqrt{126}$

$=3\sqrt{14}$ (cm)

(2) $\dfrac{1}{3}\times6^2\times3\sqrt{14}=36\sqrt{14}$ (cm³)

6 辺 AC 上の点を P とおく。線分 BP と PD の和が最小となるのは，$\triangle ABC$ と $\triangle ACD$ をつなげてかいた展開図において，3点 B, P, D が一直線上にあるときである。BP は正三角形 ABC の高さになるから，

$BP=\dfrac{\sqrt{3}}{2}\times6=3\sqrt{3}$

よって，$BD=2BP=2\times3\sqrt{3}=6\sqrt{3}$ (cm)

---

p.60～p.61　章末予想問題

1 (1) $x=9$ (2) $x=7$ (3) $x=2\sqrt{3}$

2 (1) **12 cm** (2) **84 cm²**

3 (1) $2\sqrt{26}$

(2) ∠A＝90° の直角二等辺三角形

4 (1) $6\sqrt{6}$ **cm** (2) **54 cm²**

(3) $12\sqrt{2}$ **cm**

5 (1) **3 cm** (2) $18\sqrt{2}\,\pi$ **cm³**

6 (1) $\dfrac{5}{2}$ **cm** (2) $\dfrac{13}{2}$ **cm**

7 (1) **32 cm** (2) $4\sqrt{55}$ **cm**

解説

2 (1) $BH=x$ cm として，AH^2 を2通りに表す。

$AH^2=15^2-x^2=225-x^2$

$AH^2=13^2-(14-x)^2=-x^2+28x-27$

したがって，$225-x^2=-x^2+28x-27$

$28x=252$　　$x=9$

よって，$AH=\sqrt{225-9^2}=\sqrt{144}=12$ (cm)

(2) $\dfrac{1}{2}\times14\times12=84$ (cm²)

3 (1) $BC=\sqrt{\{6-(-4)\}^2+\{-2-(-4)\}^2}$

$=\sqrt{104}=2\sqrt{26}$

(2) $AB=AC=2\sqrt{13}$ であり，$BC=\sqrt{2}\,AB$ が成り立つから，$\triangle ABC$ は ∠A＝90° の直角二等辺三角形である。

15

4 (1) $\sqrt{6^2+12^2+6^2}=\sqrt{216}=6\sqrt{6}$ (cm)

(2) $CA=CF=\sqrt{12^2+6^2}=\sqrt{180}=6\sqrt{5}$ (cm)

$AF=6\sqrt{2}$ cm

C から AF に垂線 CI をひくと，

$AI=FI=3\sqrt{2}$ cm だから，

$CI=\sqrt{(6\sqrt{5})^2-(3\sqrt{2})^2}=\sqrt{162}=9\sqrt{2}$ (cm)

$\triangle AFC=\dfrac{1}{2}\times 6\sqrt{2}\times 9\sqrt{2}=54$ (cm²)

(3) 長方形 ABCD，BFGC をつなげてかいた展開図において，線分 AG の長さになる。

$\sqrt{(6+6)^2+12^2}=\sqrt{12^2\times 2}=12\sqrt{2}$ (cm)

5 (1) 底面の円周と，側面のおうぎ形の弧の長さは等しいから，底面の半径を r cm とすると，$2\pi r=2\pi\times 9\times\dfrac{120}{360}$　$r=3$

(2) 円錐の高さは，$\sqrt{9^2-3^2}=\sqrt{72}=6\sqrt{2}$

体積は，$\dfrac{1}{3}\times(\pi\times 3^2)\times 6\sqrt{2}=18\sqrt{2}\,\pi$ (cm³)

6 (1) $AF=x$ cm とすると，$DF=9-x$ (cm)

AD∥BC より，∠FDB＝∠DBC　……①

折り返した角だから，

∠FBD＝∠DBC　……②

①と②より，∠FDB＝∠FBD

したがって，△FBD は二等辺三角形だから，

$BF=DF=9-x$ (cm)

△ABF において，三平方の定理より，

$x^2+6^2=(9-x)^2$

$x^2+36=81-18x+x^2$

$x=\dfrac{5}{2}$

(2) $BF=9-\dfrac{5}{2}=\dfrac{13}{2}$ (cm)

7 (1) $CP=CA=22$ cm，$DP=DB=10$ cm より，

$CD=CP+DP=22+10=32$ (cm)

(2) D から CA に垂線 DH をひくと，

$CH=22-10=12$ (cm) である。

△CHD で，$CH^2+DH^2=CD^2$ より，

$DH=\sqrt{32^2-12^2}=\sqrt{880}=4\sqrt{55}$ (cm)

ここで，四角形 HABD は長方形だから，

$AB=DH=4\sqrt{55}$ (cm)

> # 8章　標本調査

1 (1) 全数調査　　(2) 標本調査

2 (1) ある都市の中学生全員

(2) 350　　　　(3) ⑦

3 およそ 48 人

4 およそ 2400 ぴき

5 (1) 68.9 語　　(2) およそ 62000 語

(3) 小さくなる

解説

3 $320\times\dfrac{6}{40}=48$ (人)

4 $300\times\dfrac{240}{30}=2400$ (ぴき)

別解 池全体の魚の数を x ひきとおいて，比例式をつくる。

$x:300=240:30$　　$30x=300\times 240$

$x=2400$

5 (1) $(64+62+68+76+59+72+75+82+62+69)\div 10=689\div 10=68.9$ (語)

(2) $68.9\times 900=62010\rightarrow$ およそ 62000 語

1 (1) 標本調査　　(2) 全数調査

(3) 全数調査　　(4) 標本調査

2 ⑦

3 (1) $\dfrac{7}{12}$　　(2) およそ 350 枚

4 およそ 100 個

解説

1 (2) 空港では危険物の持ち込みを防ぐために，すべての乗客に対して，手荷物検査を実施している。

2 ⑦や⑦の方法だと，標本の性質にかたよりがあるので不適切である。

3 (1) $\dfrac{16+19}{60}=\dfrac{35}{60}=\dfrac{7}{12}$

(2) $600\times\dfrac{7}{12}=350$ (枚)

4 黒い碁石の個数を x 個とすると，

$x:60=(40-15):15$

$15x=60\times 25$　　$x=100$